# 武夷山
# 森林动态监测样地
# 植物图说

丁 晖 方炎明 / 主编

中国环境出版集团 · 北京

**图书在版编目（CIP）数据**

武夷山森林动态监测样地植物图说 / 丁晖，方炎明主编. -- 北京 : 中国环境出版集团，2023.11
ISBN 978-7-5111-5672-3

Ⅰ. ①武… Ⅱ. ①丁… ②方… Ⅲ. ①武夷山－森林植物－动态监测－图集 Ⅳ. ①S718.3-64

中国国家版本馆CIP数据核字(2023)第213790号

**出 版 人** 武德凯
**责任编辑** 丁莞歆
**装帧设计** 宋 瑞

---

**出版发行** 中国环境出版集团
（100062 北京市东城区广渠门内大街 16 号）
网 址：http://www.cesp.com.cn
电子邮箱：bjgl@cesp.com.cn
联系电话：010-67112765（编辑管理部）
010-67147349（第四分社）
发行热线：010-67125803，010-67113405（传真）
**印 刷** 北京建宏印刷有限公司
**经 销** 各地新华书店
**版 次** 2023 年 11 月第 1 版
**印 次** 2023 年 11 月第 1 次印刷
**开 本** 787×1092 1/16
**印 张** 13.25
**字 数** 300 千字
**定 价** 116.00 元

---

# 编委会

**主　　编** 丁　晖　方炎明

**副 主 编** 郑　笑　王　璐　张惠光　陈水飞　徐　辉　罗夏琦

**编写人员**（按姓氏汉语拼音顺序）

陈　浩　陈水飞　丁　晖　范明阳　方炎明　冯玥瑶
葛晓敏　侯思璇　胡　萌　胡亚萍　江嗣安　孔　祎
李　璇　李　垚　罗夏琦　吕　婷　王　璐　王宁捷
王雪洁　魏　来　吴　翼　解　雷　徐　辉　徐鲜钧
杨　园　张惠光　张明月　赵　荣　郑　笑　周　旭

**图片拍摄**（按姓氏汉语拼音顺序）

陈炳华　陈水飞　李　蒙　李　垚　孟德昌　孙骏威
王　璐　吴东浩　徐宏化　徐自坤　许宝坤　郑　笑

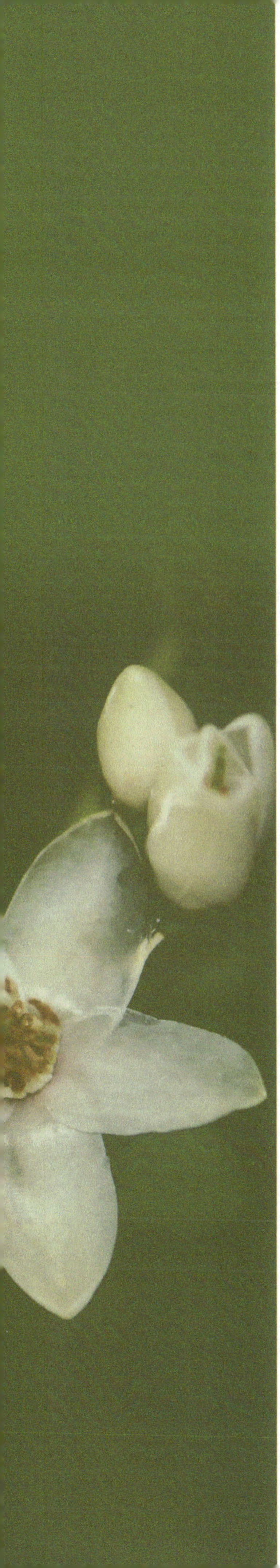

# 前　言

武夷山位于江西省与福建省西北部交界处，属典型的丹霞地貌。武夷山脉是中国东南沿海的重要山脉，为东南沿海丘陵与江南丘陵的分界线，保存了典型的中亚热带原生性森林生态系统。《中国生物多样性保护战略与行动计划（2011—2030 年）》将武夷山列为 35 个生物多样性保护优先区域之一，认为其是我国生物多样性保护的关键地区。武夷山还被列为国家公园体制试点区域，2021 年 10 月国务院批复同意设立武夷山国家公园。武夷山国家公园是地球同纬度地区保护最好、物种最丰富的生态系统。

武夷山属中亚热带海洋性季风气候，武夷山森林动态监测样地位于福建省西北部的武夷山市。该地区气候湿润，降水充沛，年平均气温 17.0 ～ 18.4℃，平均相对湿度 75% ～ 84%，年降水量 1 800 mm，年平均日照时数 1 910.2 小时，无霜期 227 ～ 246 天。其地带性土壤为红壤，地带性森林植被为常绿阔叶林，分布面积很大，多分布在海拔 350 ～ 1 400 m。

武夷山植被有明显的垂直带谱，几乎囊括了我国中亚热带所有的植被类型。良好的生态环境和特殊的地理位置使武夷山成为生物地理过程中许多动植物的天然避难所。该地物种资源极其丰富，已记录植物 2 762 种。

2013 年，生态环境部南京环境科学研究所、南京林业大学、福建省武夷山生物研究所等单位在原武夷山国家级风景名胜区九曲溪生态保护区（现并入武夷山国家公园）的范围内，参照美国史密森热带森林研究中心（CTFS）调查技术规范设置了 9.6 $hm^2$（400 m × 240 m）的武夷山 1 号森林动态监测样地（原为 2011 年建立的 1.44 $hm^2$ 森林动态监测样地）。样地基准点地理坐标为 27°35'24.23" N、117°45'55.43" E，海拔 450 ～ 580 m。样地的长边与主山脊基本平行，呈东北—西南走向。东南坡的样地面积约占样地总面积的 2/3，其余在西北坡，样地坡度 10° ～ 50°。

历经 10 年的基础资料收集与科学观测数据整理，《武夷山森林动态监测样地植物图说》正式编写完成。本书基于武夷山 9.6 $hm^2$ 中亚热带常绿阔叶林动态监测样地的植物群落调查数据，共涉及样地内乔木层胸径≥ 1 cm 的乔木个体（包括分枝和萌枝）64 973 个，隶属 48 科 85 属 161 种，植物群落主要由壳斗科（Fagaceae）、樟科（Lauraceae）、杜鹃花科（Ericaceae）、木兰科（Magnoliaceae）、杜英科（Elaeocarpaceae）、山茶科（Theaceae）等类群的植物构成。米槠（*Castanopsis carlesii*）、毛锥（*Castanopsis fordii*）、甜槠（*Castanopsis eyrei*）和黄杞（*Engelhardia roxburghiana*）等为常见种，但没有明显的优势种。样地内国家重点保护野生植物有 4 种，均为国家二级，分别是浙江楠（*Phoebe chekiangensis*）、花榈木（*Ormosia henryi*）、天竺桂（*Cinnamomum japonicum*）和闽楠（*Phoebe bournei*）。本书植物中文名主要参考《中国植物志》；拉丁学名以《中国生物物种名录》（http://www.sp2000.org.cn/）和 The Plant List（http://www.theplantlist.org/）为主要依据。

本书主要收录武夷山样地乔木层植物，种类齐全，每个物种的编目信息分为 9 个模块 19 个知识点，包括植物名称、系统发育、鉴定辨别、植物地理、功能性状、生物生态、组学数据、资源类型和形态照片，数据信息力求全面，为识别、开发、利用、改造和保护这些植物资源提供了资料参考，为人类可持续利用更多的食物、纤维、药物、建筑材料提供了线索。此外，本书还创新性地纳入了植物的功能性状、生物生态及组学数据信息，在植物学研究中具有重要的实用价值和学术意义。本书结束了武夷山没有专门地区性植物图鉴的历史，可作为高等院校、科研院所的专业人员及相关单位工作人员、植物爱好者进行野外木本植物识别的重要参考书。

# 目　录

# 总 论

## 一、建设武夷山森林动态监测样地的目的和重要意义

生物多样性监测是指对生物物种的分布、丰度和生存状况及其栖息环境的重复测度，是客观了解生物多样性现状、科学开展生物多样性保护与管理的基础工作和重要手段。将植物作为监测对象既是十分必要的，也具有很多优势。植物是生态系统中的生产者，也是能量的主要来源，其占地球生物量总数的82%，是维持生态系统平衡的主体。植物可以反映气候、地形、土壤等环境变量，植被和生产力是最能表征环境状况的指标。此外，对植物种类的鉴定和对其数量特征的测定也较为便利。因此，植物多样性监测是生物多样性监测的重要内容。

我国是《生物多样性公约》的缔约方。《生物多样性公约》第7条要求通过抽样调查和其他技术监测生物多样性组成部分及对生物多样性产生不利影响的活动。《中国生物多样性保护战略与行动计划（2011—2030年）》中的“行动9”要求开展生物多样性监测和预警，提出“建立生态系统和物种资源的监测标准体系，推进生物多样性监测工作的标准化和规范化”“构建生物多样性监测网络体系”。党和政府一贯高度重视生物多样性保护，习近平总书记多次发表重要讲话，论述加强生物多样性保护的重要意义。党的二十大将提升生态系统多样性、稳定性、持续性作为推动绿色发展、促进人与自然和谐共生的重要举措。武夷山拥有“东南植物宝库”“鸟的天堂”“蛇的王国”“研究亚洲两栖爬行类的钥匙”“昆虫的世界”等称号，先后被列为联合国教科文组织“人与生物圈计划”世界生物圈保护区网络成员、全球环境基金具有全球保护意义的A级自然保护区、中国陆地生物多样性保护关键地区、生物多样性保护优先区域及首批正式设立的国家公园。因此，建设武夷山森林动态监测样地，开展武夷山森林生态系统长期定位监测，对于保护武夷山森林生态系统具有重要意义。

## 二、研究区域的地理位置和自然环境

武夷山森林动态监测样地（四新森林大样地）位于福建省武夷山市，基准点地理坐标为27°35′24.23″N，117°45′55.43″E。武夷山脉位于福建省与江西省的交界处，呈东北—西南走向，长约540 km，北与仙霞岭相接，南与九连山相连。武夷山脉是中国东南沿海的重要山脉，是东南沿海地区重要的自然地理界线，是东南沿海丘陵与江南丘陵的分界线，也是福建省闽江水系、汀江水系与江西省阳湖水系的天然分水岭（张妙弟，2016）。武夷山

市位于福建省北部，全境东西宽 70 km，南北长 72.5 km，位于 27°27′31″ ～ 28°04′49″N，117°37′22″ ～ 118°19′44″E，东连浦城县，南接建阳区，西临光泽县，北与江西省铅山县毗邻，总面积 2 798 $km^2$。

武夷山市境内东、西、北部群山环抱，重峦叠嶂，中南部较平坦，为山地丘陵区。市区海拔 210 m。地貌层次分明，呈梯状分布。地势由西北向东南倾斜，最高处的黄岗山海拔 2 158 m，在我国大陆称为“华东屋脊”；最低处的兴田镇海拔 165 m。最高点与最低点高差 1 993 m。海拔 1 800 m 以上的山峰有 30 多座。

该区域属中亚热带季风湿润气候，年平均气温 17.0 ～ 18.4 ℃，平均相对湿度 75% ～ 84%，年降水量 1 800 mm，年平均日照 1 910.2 小时，无霜期有 227 ～ 246 天。酸性岩类约占全市面积的 53.8%，其次为泥质岩类（24.6%）和砂质岩类（19.3%），其他岩类较少。红壤为市域范围内分布最广的一种地带性土壤，自海拔 160 m 的河床到 1 100 m 的山地均有分布（丁晖等，2015）。

由于武夷山山体海拔高、地势起伏大，植被垂直带谱明显，依次分布有常绿阔叶林、针阔叶混交林、温性针叶林、中山苔藓矮曲林、中山草甸 5 个垂直带谱，是中国大陆东南部发育最完好的垂直带谱。常绿阔叶林是亚热带区域的地带性植被，武夷山拥有世界同纬度保存最完整、最典型、面积最大的中亚热带森林生态系统。据调查，武夷山共有 11 个植被型 15 个植被亚型 26 个群系组 55 个群系，几乎囊括了中国中亚热带地区所有的植被类型；记录到高等植物 269 科 2 799 种（包含亚种、变种，下同），包括苔藓植物 70 科 345 种、蕨类植物 40 科 314 种、裸子植物 7 科 26 种和被子植物 152 科 2 114 种（包括亚种和变种）。

## 三、研究区域的社会经济状况

武夷山市位于福建省西北部、闽赣两省交界处，前身为崇安县，建置于北宋淳化五年（公元 994 年），1989 年 8 月经国务院批准撤县建市。全市总面积为 2 802.71 $km^2$，户籍总人口为 24.765 9 万人，辖 3 个镇 4 个乡 3 个街道 6 个农茶场 115 个行政村。

武夷山市风景秀丽，人文荟萃，森林覆盖率达 80.5%，域内拥有首批国家公园、国家重点风景名胜区、国家旅游度假区、国家一类航空口岸、国家森林公园、国家重点文物保护单位、中国历史文化名村等，是首批中国优秀旅游城市、中国茶文化艺术之乡、原中央苏区县。素有“碧水丹山”之誉的武夷山于 1999 年 12 月被联合国教科文组织批准列入《世界遗产名录》。

武夷山市物产资源丰富，是我国江南著名的粮区、林区、茶叶产区。全市现有茶山面积 14.8 万亩[①]，拥有各类花卉资源近 130 种。当地以竹、木、石加工为主的旅游系列工艺品备受中外游人的青睐。武夷岩茶为全国十大名茶之一，连续 5 年位列中国茶叶类区域品牌价值第 2 名，武夷山市因此荣获 2021 年度茶业百强县、全国“三茶统筹”先行县域称号（武夷山市统计局，国家统计局武夷山调查队，2022；武夷山市统计局，2023）。2022 年，武夷山市全年实现地区生产总值 2 339 443 万元，按不变价格计算，比上年增长 2.2%。其中，第一产业增加值为 323 920 万元，第二产业增加值为 744 386 万元，第三产业增加值为 1 271 137 万元。

① 1 亩 =1/15 $hm^2$。

## 四、武夷山植物多样性研究

最早到武夷山采集生物标本的是来自苏格兰的园艺学者福琼（R. Fortune），他曾 4 次到中国收集各种茶叶品种，采集野生植物标本。福琼在福建省浦城县、崇安县（今武夷山市）等地采集了不少野生植物标本，至今仍保存在英国爱丁堡皇家植物园的植物标本馆和大英博物馆内。1883 年，英国博物学家班德瑞（F. S. A. Bourne）到武夷山一带采集植物标本。1921 年，奥地利植物学者 Hand-Mazz 曾到福建北部（武夷山等地）采集植物标本。1922—1928 年，美国植物学家梅特卡夫（H. R. Metcalf）博士等曾先后到福建省的福州、福清、闽清、南平、邵武、崇安（今武夷山市）一带采集植物标本 16 000 余号。

我国植物分类学的先驱也多次涉足武夷山。1921 年，中国种子植物分类学研究的奠基人胡先骕先生在福建省北部的邵武、崇安（今武夷山市）等地采集数百号植物标本。1921 年和 1924 年，中国蕨类植物之父秦仁昌院士曾两次从浙江省进入福建省，在福建省北部（武夷山等地）采集 1 000 多号蕨类植物标本。1926—1927 年，我国禾本科植物分类学研究的先驱耿以礼教授在闽北（武夷山等地）采集了植物标本。20 世纪五六十年代，周贞英、林来官、刘团举、黄友儒、陈邦杰、吴鹏程等先后在武夷山采集标本，并发表了新种。

1958 年，复旦大学、福建师范学院（现为福建师范大学）共组织 407 名师生负责闽北武夷山脉中北段的浦城、崇安（今武夷山市）、建阳等 9 个县市的资源植物调查。1979—1989 年，由福建师范大学生物系（现为生命科学学院）、福建省亚热带植物研究所、中国科学院华南植物研究所（现为中国科学院华南植物园）、原厦门大学生物系、福建林学院（现为福建农林大学）、福建省医药研究所（现为福建省中医药科学院）、福建省药品检验所（现为福建省食品药品质量检验研究院）、福建省林业学校（现为福建林业职业技术学院）等单位组成了综合科学考察组，包括林来官、张永田、林有润、曾文彬、郑清芳、侯玉美、黄友儒、张清其、黄克福、林仕榕、赵秀贞、刘秀熙、陈占寿、刘剑秋、刘初钿、林国宇、何国生等专家。考察组共采集维管植物标本 12 054 号，计 36 162 份（其中包括福建师范大学生物系 1966 年以前在武夷山采集的 4 470 号植物标本），鉴定出维管植物标本 194 科 849 属 2 116 种（含亚种、变种）。其中，蕨类植物 38 科 83 属 248 种（含变种），种子植物有 156 科 766 属 1 858（含亚种、变种）。在此次科学考察中，共发表了维管植物 57 个新种，其中 43 种为福建武夷山国家级自然保护区特有植物（福建省科学技术委员会，1993；福建省科学技术厅，2012）。

2011 年以来，环境保护部南京环境科学研究所（现为生态环境部南京环境科学研究所）、南京林业大学、福建省武夷山生物研究所联合开展了基于固定样地的植物多样性监测工作，先后建成了 16 个大小不一的植物固定监测样地。近年来，生态环境部设立了国家环境保护武夷山生态环境科学观测研究站，进一步加强了对武夷山生物多样性的监测与保护。本书所介绍的四新森林大样地为常绿阔叶林植被，海拔为 450 ～ 580 m。2013 年 10—12 月，研究人员参照美国史密森热带研究所热带森林研究中心（Center for Tropical Forest Science，CTFS）的调查技术规范建成了 9.6 $hm^2$（400 m×240 m）的固定样地，完成了第一轮群落学调查。2018 年 9—12 月，研究人员又开展了第二轮群落学调查，获取了时间序列数据，并针对武夷山常绿阔叶林的群落特征、种群点格局、物种多样性的尺度效应、遗传多样性、优势树种的生态位开展了一系列研究。

## 五、武夷山森林动态监测样地的群落特征及变化

2013 年的调查结果表明，四新森林大样地内有维管植物 68 科 135 属 232 种，其中乔木层内胸径 ≥ 1 cm 的植物有 44 科 86 属 171 种。热带性质的科和属分别占总科数和总属数的 68.58% 和 58.83%，这说明该样地热带特征明显。珍稀濒危物种较多，有 4 种国家二级重点保护野生植物、2 种《中国生物多样性红色名录——高等植物卷》中的“近危”物种、1 种《濒危野生动植物种国际贸易公约》（CITES）附录Ⅱ物种及 72 种中国特有物种，说明该样地具有较高的保护和研究价值。稀有种 29 种，占总树种数的 16.96%。重要值最大的科是壳斗科和山茶科，二者的重要值之和大于 40%。米槠（*Castanopsis carlesii*）、毛锥（*C. fordii*）、甜槠（*C. eyrei*）和黄杞（*Engelhardtia roxburghiana*）的重要值较大，但没有明显的优势种。小径木较多，所有个体的平均胸径为 5.10 cm，整体径级分布呈倒“J”形。乔木层可分为 2 个亚层，米槠、毛锥、甜槠等在第Ⅰ亚层中占优势。米槠和毛锥呈均匀分布，甜槠、黄杞、赤楠（*Syzygium buxifolium*）和木荷（*Schima superba*）呈聚集分布。

2018 年，研究人员对四新森林大样地开展了第二轮调查，并对 2013 年的结论进行了修正，分析了群落的乔木层生长特征、结构动态与多样性变化。结果表明，乔木个体为 48 科 88 属 174 种，较 2013 年增加了 1 种。Margalef 丰富度指数上升，Shannon-Wiener 多样性指数、Simpson 指数、Pielou 均匀度指数均略有下降。DBH ≥ 1 cm 的乔木个体从 68 336 个减少到 63 897 个，共死亡 7 430 个个体，补员 2 991 个个体。群落的年死亡率为 2.30%，年补员率为 0.96%，种群大小变化率为 −1.34%，相对适合度为 0.42。群落的平均胸径从 5.02 cm 上升为 5.49 cm。28 个重要值之和由 71.92% 下降为 71.81%，年死亡率为 2.46%，年补员率为 0.79%，种群大小变化率和相对适合度分别为 −1.67% 和 0.46（丁晖等，2015；丁晖等，2022）。

## 六、研究展望

基于四新森林大样地，国家环境保护武夷山生态环境科学观测研究站的主观测场目前已建成，即四新综合观测场。除了开展植物监测，四新综合观测场陆续开展了大中型兽类、地栖性鸟类、昆虫、大型真菌及森林水文、气象、土壤、凋落物等综合性监测与研究。下一步，该观测场还将继续开展新一轮的植物群落学调查，深入研究优势种的更新、种子的扩散、物种多样性与生存 - 死亡的权衡关系，物种多样性与生物量积累的关系，揭示武夷山中亚热带常绿阔叶林物种的共存机制及物种多样性的形成机制。研究不同植物菌根真菌的谱系、功能多样性及与乔木植物多样性的关系，分析菌根真菌 – 植物互作的专一性、嵌套性、连接性，揭示影响菌根真菌多样性的关键植物物种及影响机制；研究动物行为，测算其种群及群落参数，探讨动物与植物的互作关系，分析动物对种子传播、传粉的影响机制，花型、果型对动物传播的适应机制；研究生物多样性与生态系统功能的关系，分析群落演替过程中生态系统的生产力、稳定性、可持续性响应机制。

# 裸子植物

# 杉木

*Cunninghamia lanceolata* (Lamb.) Hook.

整株

树干

针叶

雄球花

球果

球果

**别　　名**　杉、柽树

**系统发育**　松亚纲（Pinidae）柏目（Cupressales）柏科（Cupressaceae）杉木属（*Cunninghamia*）

## 鉴定辨别

乔木；树皮灰褐色；大枝平展，小枝近对生或轮生，常成二列状；叶在主枝上辐射伸展，披针形或条状披针形，边缘有细缺齿；雄球花圆锥状，有短梗，通常 40 余个簇生枝顶，雌球花单生或 2 ～ 3（4）个集生，绿色；球果卵圆形；种子遮盖着种鳞，长卵形或矩圆形，暗褐色。与北美红杉［*Sequoia sempervirens* (D. Don) Endl.］相比，杉木叶一型，扁平，边缘有锯齿；球果种鳞小而扁平，顶端 3 裂。

## 植物地理

东亚（热带、亚热带）及热带南美间断；在我国广域分布，产于华北、华中、华南、西南；越南也有分布。

## 功能性状

大叶或中叶，叶长 2 ～ 6 cm；花小，花瓣长 0.5 ～ 1.5 cm。

## 生物生态

大高位芽植物；种群密度为 3.9 株 /hm$^2$，偶见种。

## 组学数据

叶绿体基因组全长 135 334 bp，其中 LSC、SSC 和 IR 区域未标注，GC 含量为 35.0%；含有 116 个基因，其中包括 35 个 tRNA 基因、3 个 rRNA 基因和 78 个蛋白质编码基因（Zheng et al., 2016）。

## 资源类型

材用、纤维。

# 马尾松

*Pinus massoniana* Lamb.

**别　　名**　枞松、山松

**系统发育**　松柏纲（Coniferopsida）松目（Coniferales）松科（Pinaceae）松属（*Pinus*）

## 鉴定辨别

乔木，高达 45 m；针叶 2 针一束，稀 3 针一束，细柔，微扭曲，两面有气孔线，边缘有细锯齿；雄球花淡红褐色，圆柱形，弯垂，雌球花单生或 2 ～ 4 个聚生于新枝近顶端；球果卵圆形或圆锥状卵圆形，有短梗，下垂，鳞脐微凹，无刺，生于干燥环境者常具极短的刺。与黄山松（*Pinus taiwanensis* Hayata）相比，黄山松松针较短，鳞脐具有短刺。

## 植物地理

北温带分布；在我国广域分布，产于华东、华中、华南、西南和西北。

## 功能性状

中叶，叶长 12 ～ 20 cm；雄球花长 1 ～ 1.5 cm。

## 生物生态

大高位芽植物；种群密度为 17.60 株 /$hm^2$，常见种。

## 组学数据

基因组大小 V 级，大，为 $2.50\times10^{10}$ bp（Zonneveld, 2012）。叶绿体基因组全长为 119 278 bp，其中 LSC 区域为 65 563 bp，SSC 区域为 53 230 bp，IR 区域为 485 bp；含有 108 个基因，其中包括 31 个 tRNA 基因、4 个 rRNA 基因和 73 个蛋白质编码基因（Ni et al., 2017）。

## 资源类型

材用、树脂。

树干　枝条　幼枝和雌球花　雄球花　球果

# 被子植物

# 红毒茴

*Illicium lanceolatum* A. C. Sm.

叶　花　花　果

**别　　名**　莽草、披针叶茴香

**系统发育**　木兰藤超目（Austrobaileyanae）木兰藤目（Austrobaileyales）五味子科（Schisandraceae）八角属（*Illicium*）；ANA 并系群（ANA grade）

## 鉴定辨别

灌木或小乔木，高 3 ～ 10 m；树皮浅灰色至灰褐色；叶互生，革质，披针形、倒披针形或倒卵状椭圆形；花腋生或近顶生，红色、深红色，花梗纤细，花肉质，数轮覆瓦状排列，外轮较小，有缘毛，内轮深红色，雄蕊排成一轮；心皮密集成聚合果，蓇葖木质。种子淡褐色。与短梗八角（*Illicium pachyphyllum* A.C. Sm.）相比，红毒茴花梗细长，在花期长 15 ～ 50 mm；雄蕊 11 ～ 14 枚。

## 植物地理

东亚和北美间断分布；在我国区域分布，产于苏、皖、浙、赣、闽、鄂、湘、黔。

## 功能性状

中叶，叶长 5 ～ 15 cm，宽 1.5 ～ 4.5 cm；花很小，花冠面积为 48 ～ 100 $mm^2$。

## 生物生态

小高位芽植物；种群密度为 130.63 株 /$hm^2$，常见种。

## 组学数据

暂无。

## 资源类型

药用，芳香。

# 金叶含笑

*Michelia foveolata* Merr. ex Dandy

**别　　名**　亮叶含笑、灰毛含笑

**系统发育**　木兰超目（Magnolianae）木兰目（Magnoliales）木兰科（Magnoliaceae）含笑属（*Michelia*）；木兰分支（Magnoliids）

## 鉴定辨别

乔木，高达 30 m；树皮淡灰或深灰色；芽、叶柄、叶背密被红褐色短绒毛；叶厚革质，椭圆状卵形，先端渐尖，基部阔楔形，通常两侧不对称，下面被红铜色短绒毛；雄蕊约 50 枚，花丝深紫色，雌蕊心皮狭卵圆形，仅基部与花托合生；聚合果，蓇葖长圆状椭圆体形。与深山含笑（*Michelia maudiae* Dunn）相比，深山含笑叶下、枝、苞片均被白粉。

## 植物地理

世界广布；在我国广域分布，产于华南、西南、华东、华中。

## 功能性状

大叶，叶长 17 ～ 23 cm，宽 6 ～ 11 cm；花大，花瓣长 6 ～ 7 cm。

## 生物生态

中高位芽植物；种群密度为 1.04 株 /hm$^2$，偶见种。

## 组学数据

暂无。

## 资源类型

材用、观赏。

# 深山含笑

*Michelia maudiae* Dunn

**别　　名**　光叶白兰花

**系统发育**　木兰超目（Magnolianae）木兰目（Magnoliales）木兰科（Magnoliaceae）含笑属（*Michelia*）；木兰分支（Magnoliids）

## 鉴定辨别

乔木，高达 20 m；芽、嫩枝、叶下、苞片均被白粉；叶革质，长圆状椭圆形，先端短渐尖而尖头钝，基部楔形；花芳香，花被片 9 片，纯白色，基部稍呈淡红色，雄蕊花丝宽扁，淡紫色，雌蕊群心皮绿色；聚合果蓇葖长圆体；种子红色，稍扁。与福建含笑（*Michelia fujianensis* Q. F. Zheng）相比，福建含笑叶背有灰白色或褐色长柔毛，雄蕊群超出雌蕊群，花药分离。

## 植物地理

中国特有种；在我国广域分布，产于华东、华中、华南、西南。

## 功能性状

中叶或大叶，长 7 ～ 18 cm，宽 3.5 ～ 8.5 cm；花大，花瓣长 5 ～ 7 cm。

## 生物生态

中高位芽植物；种群密度为 24.58 株 /$hm^2$，常见种。

## 组学数据

叶绿体基因组全长 160 154 bp，其中 LSC 区域为 88 200 bp，SSC 区域为 18 804 bp，IR 区域为 26 575 bp，GC 含量为 39.24%；含有 129 个基因，其中包括 38 个 tRNA 基因、8 个 rRNA 基因和 83 个蛋白质编码基因（Wang et al., 2019a）。

## 资源类型

材用、观赏、药用。

# 野含笑

*Michelia skinneriana* Dunn

**别　　名**　施京含笑

**系统发育**　木兰超目（Magnolianae）木兰目（Magnoliales）木兰科（Magnoliaceae）含笑属（*Michelia*）；木兰分支（Magnoliids）

## 鉴定辨别

乔木，高达 15 m；树皮平滑，灰白色，芽、嫩枝、叶背及花梗密被褐色长柔毛；叶革质，狭倒卵状椭圆形或倒披针形，先端长尾状渐尖，基部楔形；花梗细长，花淡黄色，花被片 6 片，花药侧向开裂；聚合果，蓇葖黑色，具短尖的喙。与深山含笑（*Michelia maudiae* Dunn）相比，深山含笑叶背无柔毛，花药不分离。

## 植物地理

中国特有种；在我国区域分布，产于闽、赣、粤、浙、湘、桂。

## 功能性状

中叶，叶长 5 ～ 11 cm，宽 1.5 ～ 3.5 cm；花中，花瓣长 1.6 ～ 2 cm。

## 生物生态

中高位芽植物；种群密度为 186.35 株 /hm$^2$，常见种。

## 组学数据

暂无。

## 资源类型

材用、观赏。

# 乐东拟单性木兰

*Parakmeria lotungensis* (Chun & C. H. Tsoong) Y. W. Law

**别　　名**　乐东木兰、乐东拟单性木莲

**系统发育**　木兰超目（Magnolianae）木兰目（Magnoliales）木兰科（Magnoliaceae）拟单性木兰属（*Parakmeria*）；木兰分支（Magnoliids）

## 鉴定辨别

常绿乔木；树皮灰白色；叶革质，狭倒卵状椭圆形、倒卵状椭圆形或狭椭圆形，先端尖而尖头钝，基部楔形或狭楔形，侧脉每边 9 ～ 13 条；花杂性，雄花两性花异株；聚合果卵状长圆形体或椭圆状卵圆形；种子外种皮红色；花期在 4—5 月，果期在 8—9 月。与玉兰［*Yulania denudate* (Desr.) D. L. Fu］相比，乐东拟单性木兰花单性，稀为杂性，即两性花与雄花同生一植株。

## 植物地理

东亚及北美间断分布；在我国区域分布，产于赣、闽、湘、粤、琼、桂、黔，中国特有种。

## 功能性状

小叶或中叶，叶长 6 ～ 11 cm；花中，花冠面积 300 ～ 875 $mm^2$；叶氮含量Ⅱ级，很小，为 8.69 mg/g；叶磷含量Ⅶ级，大，1.71 mg/g；N/P 比Ⅱ级，很小，为 5.08。

## 生物生态

大高位芽植物；种群密度为 0.65 株 /$hm^2$，稀有种。

## 组学数据

叶绿体基因组全长 160 114 bp，其中 LSC、SSC 和 IR 区域未标注，GC 含量为 58.0%；含有 131 个基因，其中包括 37 个 tRNA 基因、8 个 rRNA 基因和 86 个蛋白质编码基因（Wang et al., 2020c）。

## 资源类型

材用、药用、油脂。

# 瓜馥木

*Fissistigma oldhamii* (Hemsl.) Merr.

**别　　名**　钻山风、飞杨藤

**系统发育**　木兰超目（Magnolianae）木兰目（Magnoliales）番荔枝科（Annonaceae）瓜馥木属（*Fissistigma*）；木兰分支（Magnoliids）

## 鉴定辨别

攀援灌木，长约 8 m；小枝被黄褐色柔毛；叶革质，倒卵状椭圆形或长圆形，长 6 ～ 12.5 cm，宽 2 ～ 5 cm，顶端圆形或微凹，有时急尖，基部阔楔形或圆形，叶正面无毛，叶背被短柔毛，老渐几无毛；花 1 ～ 3 朵集成密伞花序；果圆球状，密被黄棕色绒毛；种子圆形，直径约 8 mm。与白叶瓜馥木[*Fissistigma glaucescens* (Hance) Merr.]相比，瓜馥木叶下面密被淡黄色柔毛。

## 植物地理

热带非洲、大洋洲和亚洲热带、亚热带地区分布；在我国区域分布，产于浙、赣、闽、台、湘、粤、桂、滇。

## 功能性状

小叶、细叶或中叶，叶长 6 ～ 12.5 cm，宽 2 ～ 5 cm；花小或中，花径 10 ～ 17 mm。

## 生物生态

小高位芽植物；种群密度为 0.42 株 /$hm^2$，稀有种。

## 组学数据

叶绿体基因组全长为 187 782 bp，其中 LSC、SSC 和 IR 区域未标注，GC 含量为 39.8%；含有 149 个基因，其中包括 38 个 tRNA 基因、8 个 rRNA 基因和 103 个蛋白质编码基因（GenBank 登录号：MW136266.1）。

## 资源类型

药用、食用、纤维、油脂。

# 华南桂

## *Cinnamomum austrosinense* Hung T. Chang

**别　　名**　华南樟、肉桂

**系统发育**　木兰超目（Magnolianae）樟目（Laurales）樟科（Lauraceae）樟属（*Cinnamomum*）；木兰分支（Magnoliids）

### 鉴定辨别

乔木，高 5 ～ 16 m；树皮灰褐色，一年生枝条圆柱形，黑褐色，当年生枝条压扁，芽鳞紧密；叶近对生，先端急尖，基部钝，革质，内卷，上绿下淡，三出脉；圆锥花序生于当年生枝条的叶腋内；花黄绿色；花期在 6—8 月，果期在 8—10 月。与滇南桂（*Cinnamomum austroyunnanense* H. W. Li）相比，滇南桂树皮灰白色，叶干时上面深绿色，光亮，无毛，下面淡绿或灰绿色，晦暗。

### 植物地理

泛热带分布；在我国局域分布，产于粤、桂、闽、赣、浙等地。

### 功能性状

中叶，叶长 14 ～ 16 cm，宽 6 ～ 8 cm；花大，花瓣长约 4.5 mm。

### 生物生态

小高位芽植物；种群密度为 8.33 株 /$hm^2$，偶见种。

### 组学数据

暂无。

### 资源类型

药用、芳香。

# 天竺桂

## *Cinnamomum japonicum* Siebold

**别　　名**　山玉桂、土桂

**系统发育**　木兰超目（Magnolianae）樟目（Laurales）樟科（Lauraceae）樟属（*Cinnamomum*）；木兰分支（Magnoliids）

### 鉴定辨别

常绿乔木，高 10 ～ 15 m；枝条红褐色，具香气；叶近对生或互生，卵圆状长圆形或披针形，革质，上面绿色光亮，下面灰绿色晦暗，两面无毛，离基三出脉，叶柄腹凹背凸，红褐色，无毛；圆锥花序腋生；果长圆形，无毛；花期在 4—5 月，果期在 7—9 月。与毛桂（*Cinnamomum appelianum* Schewe）相比，毛桂树皮灰褐色或榄绿色，叶上面榄绿褐色，稍光亮，下面黄褐色，晦暗。

### 植物地理

泛热带分布；在我国区域分布，产于苏、浙、皖、赣、闽、台。

### 功能性状

细叶，叶长 7 ～ 10 cm，宽 3 ～ 3.5 cm；花大，花瓣长约 4.5 mm；种子大小暂无；叶氮含量 II 级，很小，为 7.93 mg/g；叶磷含量IX级，极大，为 2.09 mg/g；N/P 比 I 级，极小，为 3.79。

### 生物生态

中高位芽植物；种群密度为 0.625 株 /hm$^2$，稀有种。

### 组学数据

暂无。

### 资源类型

材用、芳香。

枝条

叶

花序

花

果

# 香桂

## *Cinnamomum subavenium* Miq.

枝条

叶正面

叶背面

**别　　名**　细叶香樟、细叶香桂

**系统发育**　木兰超目（Magnolianae）樟目（Laurales）樟科（Lauraceae）樟属（*Cinnamomum*）；木兰分支（Magnoliids）

### 鉴定辨别

乔木，高达 20 m；树皮灰色，平滑；小枝纤细，密被柔毛；叶在幼枝上近对生，在老枝上互生，椭圆形至披针形，上面深绿色，光亮，下面黄绿色，晦暗，革质；三出脉或离基三出脉；花淡黄色；果椭圆形，熟时蓝黑色；花期在 6—7 月，果期在 8—10 月。与阴香［*Cinnamomum burmanni* (Nees & T. Nees) Blume］相比，阴香树皮光滑，灰褐色至黑褐色，内皮红色；叶革质，上面绿色，下面粉绿色。

### 植物地理

泛热带分布；在我国广域分布，产于华东、华中、华南、西南。

### 功能性状

小叶、细叶或中叶，叶长 4 ～ 13.5 cm，宽 2 ～ 6 cm；花大，花瓣长 3 ～ 4 mm；种子重量级 6 级，单粒质量为 0.12 g；叶氮含量Ⅳ级，较小，为 14.51 mg/g；叶磷含量Ⅳ级，较小，为 0.95 mg/g；N/P 比Ⅴ级，中等，为 15.27。

### 生物生态

中高位芽植物；种群密度为 1.45 株 /$hm^2$，偶见种。

### 组学数据

暂无。

### 资源类型

芳香、食用。

# 乌药

## *Lindera aggregata* (Sims) Kosterm.

**别　　名**　铜钱柴、斑皮柴

**系统发育**　木兰超目（Magnolianae）樟目（Laurales）樟科（Lauraceae）山胡椒属（*Lindera*）；木兰分支（Magnoliids）

### 鉴定辨别

常绿灌木或小乔木；树皮灰褐色；幼枝青绿色，具纵向细条纹，密被金黄色绢毛，后渐脱落，顶芽长椭圆形；叶互生，卵形，椭圆形至近圆形，上面绿色，下面苍白色，幼时密被棕褐色柔毛；伞形花序腋生，无总梗，集生于短枝上；果卵形或有时近圆形。与三桠乌药（*Lindera obtusiloba* Blume）相比，乌药叶柄稍长，叶尾渐尖或尾尖，且为常绿小乔木。

### 植物地理

北温带和南温带间断分布；在我国广域分布，产于华东、华中和华南。

### 功能性状

小叶，叶长 2.7 ～ 5 cm，宽 1.5 ～ 4 cm；花很小，花冠长约 4 mm，宽约 2 mm；种子重量级 11 级，百粒重为（11.47±0.50）g；叶氮含量Ⅵ级，较大，为 21.06 mg/g；叶磷含量Ⅳ级，较小，为 1.03 mg/g；N/P 比Ⅵ级，较大，为 20.4。

### 生物生态

小高位芽植物；种群密度为 2.60 株 /$hm^2$，偶见种。

### 组学数据

叶绿体基因组全长 152 664 bp，其中 LSC 区域为 93 728 bp，SSC 区域为 18 804 bp，IR 区域为 20 066 bp，GC 含量为 39.2%；含有 111 个基因，其中包括 30 个 tRNA 基因、4 个 rRNA 基因和 77 个蛋白质编码基因（Jo et al., 2019）。

### 资源类型

药用、食用。

幼枝和嫩叶

枝条

叶

花

果

# 香叶树

*Lindera communis* Hemsl

**别　　名**　红油果、臭油果

**系统发育**　木兰超目（Magnolianae）樟目（Laurales）樟科（Lauraceae）山胡椒属（*Lindera*）；木兰分支（Magnoliids）

## 鉴定辨别

常绿灌木或小乔木；树皮淡褐色；当年生枝条纤细，绿色，一年生枝条粗壮，具不规则纵裂，顶芽卵形；叶互生，羽状脉；伞形花序具 5 ～ 8 朵花，单生或两个同生于叶腋，总梗极短，黄色或黄白色；果卵形，也有时略小而近球形，无毛，成熟时红色，果梗被黄褐色微柔毛。与绒毛山胡椒［*Lindera nacusua* (D. Don) Merr.］相比，香叶树叶背面疏被黄白色短柔毛，且老时脱落。

## 植物地理

北温带和南温带间断分布；在我国广域分布，产于华东、华中、华南、西南和西北。

## 功能性状

叶长（3）4 ～ 9（12.5）cm，宽（1）1.5 ～ 3（4.5）cm，为细叶；花很小，花冠为 4 mm；种子重量级为 13 级，长约 1 cm，宽 7 ～ 8 mm。

## 生物生态

小高位芽植物；种群密度为 50.73 株 /hm$^2$，常见种。

## 组学数据

叶绿体基因组全长 152 668 bp，其中 LSC 区域为 93 680 bp，SSC 区域为 18 894 bp，IR 区域为 20 047 bp，GC 含量为 39.2%；含有 111 个基因，其中包括 30 个 tRNA 基因、4 个 rRNA 基因和 77 个蛋白质编码基因（Jo et al., 2019）。

## 资源类型

食用、材用。

# 山胡椒

## *Lindera glauca* (Siebold & Zucc.) Blume

**别　　名**　牛筋树、假死柴

**系统发育**　木兰超目（Magnolianae）樟目（Laurales）樟科（Lauraceae）山胡椒属（*Lindera*）；木兰分支 (Magnoliids)

### 鉴定辨别

落叶灌木或小乔木；冬芽（混合芽）长角锥形，芽鳞裸露部分红色；叶互生，宽椭圆形、椭圆形、倒卵形到狭倒卵形，上面深绿色，下面淡绿色，被白色柔毛，纸质，羽状脉，叶枯后不落；伞形花序腋生，总梗短或不明显，生于混合芽中的总苞片绿色膜质。与狭叶山胡椒（*Lindera angustifolia* W. C. Cheng）的区别是，山胡椒的叶片宽卵形至椭圆形，枝黑白色，花时为混合芽。

### 植物地理

北温带和南温带间断分布；在我国广域分布，产于华东、华中、华南、华北、西南和西北。

### 功能性状

小叶或细叶，叶长 4 ～ 9 cm，宽 2 ～ 4（6）cm；花很小，花冠一般不超过 3 mm；种子重量级 10 级，百粒重为（3.66±0.08）g；叶氮含量Ⅲ级，小，为 12.26 mg/g；叶磷含量Ⅱ级，很小，为 0.55 mg/g；N/P 比Ⅶ级，大，为 22.3。

### 生物生态

中高位芽植物；种群密度为 2.19 株 /hm$^2$，偶见种。

### 组学数据

叶绿体基因组全长 152 863 bp，其中 LSC 区域为 94 213 bp，SSC 区域为 18 942 bp，IR 区域为 19 854 bp，GC 含量为 39.2%；含有 111 个基因，其中包括 30 个 tRNA 基因、4 个 rRNA 基因和 77 个蛋白质编码基因（Jo et al., 2019）。

### 资源类型

药用、芳香、食用。

叶

花

果

花

果

# 竹叶木姜子

*Litsea pseudoelongata* H. Liu

**别　　名**　长叶木姜子、黄壳兰

**系统发育**　木兰超目（Magnolianae）樟目（Laurales）樟科（Lauraceae）木姜子属（*Litsea*）；木兰分支（Magnoliids）

## 鉴定辨别

常绿小乔木，高达 10 m；树皮褐色；幼枝灰褐色，有灰色柔毛，顶芽卵圆形，鳞片外面被丝状短柔毛；叶互生，宽条形，薄革质，初时有柔毛；伞形花序簇生；果长卵形；花期在 5—6 月，果期在 10—12 月。与尖脉木姜子（*Litsea acutivena* Hayata）相比，后者叶互生或聚生枝顶，披针形、倒披针形或长圆状披针形。

## 植物地理

泛热带分布；在我国局域分布，产于粤、桂。

## 功能性状

细叶，叶长 7 ～ 12 cm，宽 1 ～ 1.5 cm。

## 生物生态

中高位芽植物；种群密度为 6.25 株 /hm$^2$，偶见种。

## 组学数据

暂无。

## 资源类型

材用、油脂。

# 黄绒润楠

*Machilus grijsii* Hance

**别　名**　黄楠、黄桢楠

**系统发育**　木兰超目（Magnolianae）樟目（Laurales）樟科（Lauraceae）润楠属（*Machilus*）；木兰分支（Magnoliids）

## 鉴定辨别

乔木；芽、小枝、叶柄、叶下面有黄褐色短绒毛；叶倒卵状长圆形，先端渐狭；基部多少圆形，革质，上面无毛，中脉和侧脉在上面凹下，在下面隆起，侧脉每边 8 ～ 11 条，小脉纤细而不明显；花序短，丛生小枝枝梢，密被黄褐色短绒毛；花被裂片薄，长椭圆形，近相等，两面均被绒毛，外轮的较狭，第三轮雄蕊腺体肾形，无柄，生于花丝基部。与浙江楠（*Phoebe chekiangensis* C. B. Shang）相比，花被裂片外面有绒毛。

## 植物地理

热带东南亚至印度—马来西亚、太平洋诸岛（热带亚洲）分布；在我国局域分布，产于闽、粤、赣、浙。

## 功能性状

中叶，叶长（3）7.5 ～ 14（18）cm，宽（3）3.7 ～ 6.5（7）cm；叶氮含量Ⅲ级，小，为 11.08 mg/g，叶磷含量Ⅱ级，很小，为 0.49 mg/g；N/P 比Ⅶ级，很大，为 22.61。

## 生物生态

中高位芽植物；种群密度为 171.67 株 /hm$^2$，常见种。

## 组学数据

叶绿体基因组全长为 152 647 bp，其中 LSC、SSC 和 IR 区域未标注，GC 含量为 39.2%；含有 125 个基因，其中包括 36 个 tRNA 基因、8 个 rRNA 基因和 81 个蛋白质编码基因（GenBank 登录号：MW368985.1）。

## 资源类型

暂无。

枝条

叶

芽

花

果

果

# 薄叶润楠
*Machilus leptophylla* Hand.-Mazz.

**别　　名**　大叶楠、华东楠

**系统发育**　木兰超目（Magnolianae）樟目（Laurales）樟科（Lauraceae）润楠属（*Machilus*）；木兰分支（Magnoliids）

## 鉴定辨别
高大乔木；树皮灰褐色；顶芽近球形；叶互生或在当年生枝上轮生，倒卵状长圆形，先端短渐尖，基部楔形，坚纸质，老时上面深绿，无毛，下面带灰白色，仍有稍疏绢毛，且脉上较密，中脉在上面凹下、在下面凸起，侧脉略带红色；圆锥花序；花白色，干后银灰色；果球形。本种与浙江润楠（*Machilus chekiangensis* S. K. Lee）的区别是，上面无毛，下面带灰白色，疏被绢状毛。

## 植物地理
泛热带分布；在我国区域分布，产于闽、浙、苏、湘、粤、桂、黔。

## 功能性状
中叶，叶长 14 ～ 24 cm，宽 3.5 ～ 7 cm；花小，花冠长 7 mm。

## 生物生态
中高位芽植物；种群密度为 4.27 株 /hm$^2$，偶见种。

## 组学数据
叶绿体基因组全长 152 624 bp，其中 LSC、SSC 和 IR 区域未标注，GC 含量为 39.2%；含有 123 个基因，其中包括 36 个 tRNA 基因、8 个 rRNA 基因和 79 个蛋白质编码基因（GenBank 登录号：MW238421.1）。

## 资源类型
观赏、材用、纤维、油脂、鞣料、芳香、药用。

# 建润楠

## *Machilus oreophila* Hance

**别　　名**　建楠、山润楠

**系统发育**　木兰超目（Magnolianae）樟目（Laurales）樟科（Lauraceae）润楠属（*Machilus*）；木兰分支（Magnoliids）

### 鉴定辨别

灌木或乔木；树皮灰色、褐色或黑褐色；嫩枝、顶芽、嫩叶下面和上面的中脉上被黄棕色绒毛；叶长披针形，先端渐尖，基部楔形，薄革质，叶背面有柔毛，且沿中脉和侧脉较浓密，中脉在上面凹陷、下面明显凸起；圆锥花序；果序生于新枝下端，果球形，嫩时绿色，熟时紫黑色，有小柔毛。本种与柳叶润楠（*Machilus salicina* Hance）的区别是，上面中脉凹下，脉不明显。

### 植物地理

泛热带分布；在我国局域分布，产于闽、粤、湘、桂、黔南部。

### 功能性状

小叶或中叶，叶长 11.4 ～ 18 cm，宽 1.5 ～ 3 cm；花小，花冠长 35 ～ 65 mm。

### 生物生态

小高位芽植物；种群密度为 8.44 株 /hm$^2$，偶见种。

### 组学数据

叶绿体基因组全长 152 684 bp，其中 LSC、SSC 和 IR 区域未标注，GC 含量为 39.2%；含有 126 个基因，其中包括 36 个 tRNA 基因、8 个 rRNA 基因和 82 个蛋白质编码基因（Xiao et al., 2022）。

### 资源类型

材用。

枝条

叶正面

叶背面

花

果

# 刨花润楠

*Machilus pauhoi* Kaneh.

**别　　名**　粘柴、刨花

**系统发育**　木兰超目（Magnolianae）樟目（Laurales）樟科（Lauraceae）润楠属（*Machilus*）；木兰分支（Magnoliids）

## 鉴定辨别

乔木，树皮灰褐色，有浅裂；小枝绿带褐色；顶芽球形至近卵形；叶常集生小枝梢端，椭圆形或倒披针形，先端渐尖或尾状渐尖，基部楔形，革质，嫩时除中脉和侧脉外密被灰黄色贴伏绢毛，中脉上面凹下、下面突起；聚伞状圆锥花序，有微小柔毛；花被裂片两面都有小柔毛，雄蕊无毛；果球形，熟时黑色。本种与黄毛润楠（*Machilus chrysotricha* H. W. Li）的区别是，叶常集生小枝梢端。

## 植物地理

泛热带分布；在我国区域分布，产于浙、闽、赣、湘、粤、桂等地。

## 功能性状

小叶或中叶，叶长 7 ～ 15 cm，宽 2 ～ 4 cm；花小，花冠长约 6 mm。

## 生物生态

中高位芽植物；种群密度为 1.46 株 /hm$^2$，偶见种。

## 组学数据

叶绿体基因组全长 152 621 bp，其中 LSC、SSC 和 IR 区域未标注，GC 含量为 39.2%；含有 125 个基因，其中包括 36 个 tRNA 基因、8 个 rRNA 基因和 81 个蛋白质编码基因（Zhao et al., 2018）。

## 资源类型

材用、鞣料、芳香、油脂、树脂、观赏。

# 红楠

## *Machilus thunbergii* Siebold & Zucc.

**别　　名**　猪脚楠

**系统发育**　木兰超目（Magnolianae）樟目（Laurales）樟科（Lauraceae）润楠属（*Machilus*）；木兰分支（Magnoliids）

### 鉴定辨别

常绿中等乔木；树皮黄褐色，枝条多而伸展，紫褐色，老枝粗糙，嫩枝紫红色，鳞片边缘有小睫毛，上部鳞片边缘的毛浓密；叶倒卵形至倒卵状披针形，先端短突尖或短渐尖，基部楔形，革质，中脉上面稍凹下、下面明显突起，叶柄和中脉一样带红色；果扁球形，初时绿色，后变黑紫色，果梗鲜红色。本种与滇润楠（*Machilus yunnanensis* Lecomte）的区别是，下面带白粉。

### 植物地理

泛热带分布；在我国广域分布，产于华北、华东、华南。

### 功能性状

小叶或细叶，叶长 4.5 ～ 9 cm，宽 1.7 ～ 4.2 cm；花小，直径 6.3 mm；种子重量级 10 级；叶氮含量 II 级，很小，为 8.59 mg/g；叶磷含量III级，小，为 0.82 mg/g；N/P 比III级，小，为 10.48。

### 生物生态

中高位芽植物；种群密度为 28.44 株 /hm$^2$，常见种。

### 组学数据

基因组大小III级，小，为 9.26×10$^8$ bp；染色体数目为 24。叶绿体基因组全长 152 551 bp，其中 LSC、SSC 和 IR 区域未标注，GC 含量为 39.2%；含有 125 个基因，其中包括 36 个 tRNA 基因、8 个 rRNA 基因和 81 个蛋白质编码基因（Zhao et al., 2018）。

### 资源类型

药用、观赏。

# 绒毛润楠

## *Machilus velutina* Champ. ex Benth.

**别　　名**　野枇杷、绒毛桢楠

**系统发育**　木兰超目（Magnolianae）樟目（Laurales）樟科（Lauraceae）润楠属（*Machilus*）；木兰分支（Magnoliids）

### 鉴定辨别

乔木；枝、芽、叶下面和花序均密被锈色绒毛；叶狭倒卵形、椭圆形或狭卵形，先端渐狭或短渐尖，基部楔形，革质，上面有光泽，中脉上面凹下，下面突起；花序单独顶生或数个密集在小枝顶端，近似团伞花序；花黄绿色，被锈色绒毛，有绒毛；果球形，紫红色。本种与扁果润楠（*Machilus platycarpa* Chun）的区别是，叶片不反卷。

### 植物地理

泛热带分布；在我国局域分布，产于粤、桂、闽、赣、浙、琼、黔；柬埔寨、老挝、越南也有分布。

### 功能性状

小叶或中叶，叶长 5 ～ 11 cm，宽 2 ～ 5 cm；花小，花冠长 5 ～ 6 mm。

### 生物生态

中高位芽植物；种群密度为 118.96 株 /hm$^2$，常见种。

### 组学数据

暂无。

### 资源类型

材用、芳香、药用、观赏。

# 浙江新木姜子

*Neolitsea aurata* var. *chekiangensis* (Nakai) Yen C. Yang & P. H. Huang

**别　　名**　红皮树、假桂花

**系统发育**　木兰超目（Magnolianae）樟目（Laurales）樟科（Lauraceae）新木姜子属（*Neolitsea*）；木兰分支（Magnoliids）

## 鉴定辨别

叶互生或聚生枝顶呈轮生状，革质，上面绿色，无毛，离基三出脉，侧脉每边 3 ～ 4 条，叶柄被锈色短柔毛；伞形花序 3 ～ 5 个簇生于枝顶或节间，总梗短，每一花序有花 5 朵；果椭圆形，果托浅盘状。与新木姜子［*Neolitsea aurata* (Hayata) Koidz.］相比，浙江新木姜子叶片披针形或倒披针形，较狭窄，宽 0.9 ～ 2.4 cm，下面薄被棕黄色丝状毛，毛易脱落，近乎无毛，具白粉。

## 植物地理

印度、马来西亚至日本分布；在我国局域分布，产于浙、皖、苏、赣及闽。

## 功能性状

中叶或大叶，叶长 8 ～ 14 cm，宽 0.9 ～ 2.4 cm。

## 生物生态

中高位芽植物；种群密度为 14.69 株 /$hm^2$，常见种。

## 组学数据

暂无。

## 资源类型

药用、油脂。

# 闽楠

*Phoebe bournei* (Hemsl.) Yen C. Yang

**别　　名**　竹叶楠、兴安楠木

**系统发育**　木兰超目（Magnolianae）樟目（Laurales）樟科（Lauraceae）楠属（*Phoebe*）；木兰分支（Magnoliids）

## 鉴定辨别

大乔木；树干通直，分枝少，老的树皮灰白色，新的树皮带黄褐色；叶革质或厚革质，披针形或倒披针形，上面发亮，下面有短柔毛，脉上被伸展长柔毛，有时具缘毛，横脉及小脉多而密，在下面结成十分明显的网格状；花序生于新枝中、下部，被毛，为紧缩不开展的圆锥花序；果椭圆形或长圆形。与楠木（*Phoebe zhennan* S. K. Lee & F. N. Wei）相比，楠木叶椭圆形，少为披针形或倒披针形，下面小脉几乎看不见，不与横脉构成网格状或很少呈模糊的小网格状；聚伞状圆锥花序十分开展。

## 植物地理

马来西亚半岛（基本上在新华莱斯线以西，北达中南半岛或印度东北或热带喜马拉雅，南达苏门答腊）分布；在我国广域分布，产于华东、华中、华南。

## 功能性状

中叶，叶长 7 ～ 13 cm，宽 2 ～ 3 cm。

## 生物生态

中高位芽植物；种群密度为 4.58 株 /hm$^2$，偶见种。

## 组学数据

叶绿体基因组全长为 152 860 bp，其中 LSC 区域为 93 778 bp，SSC 区域为 18 936 bp，IR 区域为 20 073 bp，GC 含量为 39.1%；含有 112 个基因，其中包括 30 个 tRNA 基因、4 个 rRNA 基因和 78 个蛋白质编码基因（Li et al., 2017）。

## 资源类型

材用。

# 浙江楠

*Phoebe chekiangensis* C. B. Shang

**别　　名**　浙江紫楠

**系统发育**　木兰超目（Magnolianae）樟目（Laurales）樟科（Lauraceae）楠属（*Phoebe*）；木兰分支（Magnoliids）

## 鉴定辨别

大乔木，树干通直；树皮淡褐黄色，薄片状脱落，具明显的褐色皮孔；小枝有棱，密被黄褐色或灰黑色柔毛或绒毛；叶革质，倒卵状椭圆形或倒卵状披针形，少为披针形，先端突渐尖或长渐尖，基部楔形或近圆形，上面初时有毛，后变无毛或完全无毛，下面被灰褐色柔毛，脉上被长柔毛，中、侧脉上面下陷，侧脉每边 8 ～ 10 条，横脉及小脉多而密，下面明显，叶柄密被黄褐色绒毛或柔毛；圆锥花序密被黄褐色绒毛。与闽楠［*Phoebe bournei* (Hemsl.) Yen C. Yang］相比，叶倒卵状椭圆形或倒卵状披针形，少为披针形。

## 植物地理

马来西亚半岛分布；在我国局域分布，产于浙、闽、赣。

## 功能性状

小叶，叶长 7 ～ 17 cm，宽 3 ～ 7 cm；花小，花瓣长约 4 mm。

## 生物生态

中高位芽植物；种群密度为 2.19 株 /hm$^2$，偶见种。

## 组学数据

叶绿体基因组全长为 152 849 bp，其中 LSC 区域为 93 772 bp，SSC 区域为 21 223 bp，IR 区域为 18 927 bp，GC 含量为 39.1%；含有 112 个基因，其中包括 30 个 tRNA 基因、4 个 rRNA 基因和 78 个蛋白质编码基因（Li et al., 2017）。

## 资源类型

材用、观赏。

枝条

叶

花

果

# 檫木

*Sassafras tzumu* (Hemsl.) Hemsl.

**别　　名**　桐梓树、檫树

**系统发育**　木兰超目（Magnolianae）樟目（Laurales）樟科（Lauraceae）檫木属（*Sassafras*）；木兰分支（Magnoliids）

## 鉴定辨别

落叶乔木；树皮幼时黄绿色，老时变灰褐色，具不规则纵裂；枝条近圆柱形；叶互生，聚集于枝顶，卵形或倒卵形；花序顶生，先叶开放，花黄色，雌雄异株；果近球形，成熟时蓝黑色且带有白蜡粉。檫木与樟属（*Cinnamomum*）植物区别在于檫木为落叶植物，花序为总状花序，其叶子常为 3 浅裂。

## 植物地理

北温带和南温带间断分布；在我国广域分布，产于华东、华中、华南和西南。

## 功能性状

中叶或大叶，叶长 9 ～ 18 cm，宽 6 ～ 10 cm；花很小，花冠长 4 mm；种子重量级 10 级，百粒重为（6.51±0.28）g。

## 生物生态

大高位芽植物；种群密度为 0.10 株 /hm$^2$，稀有种。

## 组学数据

叶绿体基因组全长 151 797 bp，其中 LSC 区域为 92 751 bp，SSC 区域为 18 854 bp，IR 区域为 20 096 bp，GC 含量为 39.2%；含有 128 个基因，其中包括 36 个 tRNA 基因、8 个 rRNA 基因和 84 个蛋白质编码基因（Jo et al., 2019）。

## 资源类型

食用、材用。

# 笔罗子

*Meliosma rigida* Siebold & Zucc.

**别　　名**　野枇杷、粗糠柴

**系统发育**　山龙眼超目（Proteanae）山龙眼目（Proteales）清风藤科（Sabiaceae）泡花树属（*Meliosma*）；真双子叶分支（Eudicots）

## 鉴定辨别

乔木，高达 7 m；单叶，革质，倒披针形，或狭倒卵形，长 8 ～ 25 cm，宽 2.5 ～ 4.5 cm，先端渐尖或尾状渐尖，全缘或中部以上有数个尖锯齿，叶背被锈色柔毛，叶柄长 1.5 ～ 4 cm；圆锥花序顶生，花密生于第三次分枝上；核果球形，核球形，稍偏斜，具凸起细网纹。与多花泡花树（*Meliosma myriantha* Siebold & Zucc.）相比，笔罗子老枝被污浊色短柔毛，花直径 3 mm。

## 植物地理

亚洲东南部和美洲中部及南部分布；在我国广域分布，产于西南、华南、华中、华东。

## 功能性状

小叶、细叶或中叶，叶长 8 ～ 25 cm，宽 2.5 ～ 4.5 cm；花很小或小，花径 3 ～ 4 mm。

## 生物生态

小高位芽植物；种群密度为 58.75 株 /hm$^2$，常见种。

## 组学数据

暂无。

## 资源类型

材用、鞣料、油脂。

# 樟叶泡花树

*Meliosma squamulata* Hance

枝条

叶

果

**别　　名**　绿樟、饼汁树

**系统发育**　山龙眼超目（Proteanae）山龙眼目（Proteales）清风藤科（Sabiaceae）泡花树属（*Meliosma*）；真双子叶分支（Eudicots）

## 鉴定辨别

小乔木，高可达 15 m；单叶，叶片薄革质，椭圆形或卵形，长 5 ～ 12 cm，宽 1.5 ～ 5 cm，先端尾状渐尖或狭条状渐尖，尖头钝，基部楔形，稍下延，全缘，叶面无毛，有光泽，叶背粉绿色；圆锥花序顶生或腋生，单生或 2 ～ 8 个聚生；花白色，直径约 3 mm；核果球形，直径 4 ～ 6 mm，核近球形，顶基扁，稍偏斜，具明显凸起的不规则细网纹。与灌丛泡花树（*Meliosma dumicola* W. W. Sm.）相比，樟叶泡花树叶背粉绿色，密被黄褐色小鳞片；侧脉每边 3 ～ 5 条；内面 2 片花瓣的 2 裂达中部以下，广叉开。

## 植物地理

亚洲东南部和美洲中部及南部分布；在我国区域分布，产于黔、湘、桂、粤、赣、闽、台。

## 功能性状

小叶、细叶或中叶，叶长 5 ～ 12 cm，宽 1.5 ～ 5 cm；花很小，花径约 3 mm。

## 生物生态

中高位芽植物；种群密度为 19.79 株 /hm$^2$，常见种。

## 组学数据

暂无。

## 资源类型

材用。

# 小果山龙眼

*Helicia cochinchinensis* Lour.

**别　　名**　红叶树、羊屎果

**系统发育**　山龙眼超目（Proteanae）山龙眼目（Proteales）山龙眼科（Proteaceae）山龙眼属（*Helicia*）；真双子叶分支（Eudicots）

## 鉴定辨别

乔木或灌木，高 4 ～ 20 m；树皮灰褐色或暗褐色；枝和叶均无毛；叶薄革质或纸质，长圆形、倒卵状椭圆形、长椭圆形或披针形，长 5 ～ 12 cm，宽 2.5 ～ 4 cm，顶端短渐尖，尖头或钝，基部楔形，稍下延，全缘或上半部叶缘具疏生浅锯齿；总状花序，腋生，无毛；果椭圆状，果皮干后薄革质，蓝黑色或黑色。与东兴山龙眼（*Helicia dongxingensis* H. S. Kiu）相比，小果山龙眼果较小，长 1 ～ 1.5 cm，无喙，果皮薄革质；花序轴和花梗无毛，有时初被短毛，毛全脱落。

## 植物地理

亚洲东南部和大洋洲分布；在我国广域分布，产于西南、华南、华中、华东。

## 功能性状

小叶、细叶或中叶，叶长 5 ～ 12（15）cm，宽 2.5 ～ 4（5）cm。

## 生物生态

大高位芽植物、中高位芽植物或小高位芽植物；种群密度为 1.88 株 /hm$^2$，偶见种。

## 组学数据

暂无。

## 资源类型

油脂、材用。

# 蕈树

*Altingia chinensis* (Champ. ex Benth.) Oliv. ex Hance

枝条

叶

花

果

**别　　名**　山锂枝、阿丁枫

**系统发育**　蔷薇超目（Rosanae）虎耳草目（Saxifragales）蕈树科（Altingiaceae）蕈树属（*Altingia*）；超蔷薇分支（Superrosids）

## 鉴定辨别

常绿乔木，高 20 m；树皮灰色；叶革质，倒卵状矩圆形，先端短急尖或略钝，基部楔形，边缘有钝锯齿，叶柄无毛，托叶早落；雄花短穗状花序，常排成圆锥花序，雄蕊多数，花药倒卵形，萼筒与子房联合；头状果序近乎球形，种子多数，褐色有光泽。与细青皮（*Altingia excelsa* Noronha）相比，细青皮具卵形而薄的叶片，基部圆形，叶柄较长，可达 4 cm。

## 植物地理

世界广布；在我国区域分布，产于粤、琼、桂、黔、滇东南部富宁、湘、闽、赣、浙。

## 功能性状

中叶，叶长 7 ～ 13 cm，宽 3 ～ 4.5 cm；花小，花瓣长 1 cm。

## 生物生态

中高位芽植物；种群密度为 11.46 株 /hm$^2$，常见种。

## 组学数据

暂无。

## 资源类型

药用、材用。

# 细柄蕈树

*Altingia gracilipes* Hemsl.

**别　　名**　细柄阿丁枫、细齿蕈树

**系统发育**　蔷薇超目（Rosanae）虎耳草目（Saxifragales）蕈树科（Altingiaceae）蕈树属（*Altingia*）；超蔷薇分支（Superrosids）

## 鉴定辨别

常绿乔木；嫩枝略有短柔毛，老枝灰色，有皮孔；叶革质，卵状披针形，先端尾状渐尖，基部钝或窄圆形，上面深绿色，干后仍有光泽，下面无毛，叶脉在上面不明显，或有时下陷，在下面略突起，网脉不显著，全缘；有花 5 ～ 6 朵，有柔毛，头状果序倒圆锥形；蒴果不具宿存花柱；种子多数，多角形，褐色。本种与薄叶蕈树（*Altingia tenuifolia* Chun ex H. T. Chang）的区别是，叶脉不明显。

## 植物地理

北温带和南温带间断分布；在我国局域分布，产于浙南部、闽、粤。

## 功能性状

小叶，叶长 4 ～ 7 cm，宽 1.5 ～ 2.5 cm。

## 生物生态

中高位芽植物；种群密度为 183.54 株 /hm$^2$，常见种。

## 组学数据

暂无。

## 资源类型

药用、材用、树脂、芳香。

叶正面　叶背面　芽　花　果

# 檵木

*Loropetalum chinense* (R. Br.) Oliv.

**别　　名**　檵柴、坚漆

**系统发育**　蔷薇超目（Rosanae）虎耳草目（Saxifragales）金缕梅科（Hamamelidaceae）檵木属（*Loropetalum*）；蔷薇分支（Rosids）

## 鉴定辨别

灌木或小乔木；叶革质，卵形，先端尖锐，基部钝，歪斜；花有短花梗，白色，花序柄被毛，萼筒杯状，花瓣 4 片，带状；雄蕊 4 枚，退化雄蕊 4 枚，鳞片状，与雄蕊互生，子房完全下位；蒴果卵圆形，先端圆；种子圆卵形，黑色，发亮。与大果檵木（*Loropetalum lanceum* Hand.-Mazz.）相比，檵木叶全缘；蒴果卵圆形，大果檵木蒴果扁球形。

## 植物地理

北温带和南温带间断分布；在我国广域分布，产于华中、华南、西南；印度、日本也有分布。

## 功能性状

中叶，叶长 2 ～ 5 cm；花小，花瓣长 1 ～ 2 cm；种子重量级 10 级，百粒重（3.53±0.15）g；叶氮含量Ⅴ级，中等，为 20.01 mg/g；叶磷含量Ⅴ级，中等，为 1.20 mg/g；N/P 比Ⅴ级，中等，为 16.675。

## 生物生态

小高位芽植物；种群密度为 1.9 株 /$hm^2$，偶见种。

## 组学数据

叶绿体基因组全长 159 444 bp，其中 LSC 区域为 88 160 bp，SSC 区域为 18 770 bp，IR 区域为 26 257 bp，GC 含量为 37.97%；含有 131 个基因，其中包括 38 个 tRNA 基因、8 个 rRNA 基因和 85 个蛋白质编码基因（Wang et al., 2022b）。

## 资源类型

药用、观赏。

# 虎皮楠

*Daphniphyllum oldhamii* (Hemsl.) K. Rosenth.

**别　　名**　南宁虎皮楠、四川虎皮楠

**系统发育**　蔷薇超目（Rosanae）虎耳草目（Saxifragales）虎皮楠科（Daphniphyllaceae）虎皮楠属（*Daphniphyllum*）；超蔷薇分支（Superrosids）

## 鉴定辨别

乔木；小枝暗褐色，具稀疏皮孔；叶纸质，长圆状披针形，先端渐尖，具细尖头，基部阔楔形，叶面略具光泽，叶背显著被白粉，侧脉在叶面突起，叶柄上面具槽；花未见；果斜卵形，先端偏斜，具直立宿存花柱，柱头 2 枚，外弯，基部渐狭而成短柄，无宿存花萼，表面暗褐色，具小疣状突起，略被白粉。本种与牛耳枫（*Daphniphyllum calycinum* Benth.）的区别是，侧脉突起。

## 植物地理

热带亚洲至热带大洋洲分布；在我国区域分布，产于闽、粤、鄂、湘、赣、川、台、浙；日本、朝鲜也有分布。

## 功能性状

细叶或中叶，长 11 ～ 13 cm，宽 3 ～ 4.5 cm。

## 生物生态

中高位芽植物；种群密度为 107.81 株 /hm$^2$，常见种。

## 组学数据

叶绿体基因组全长 160 137 bp，其中 LSC、SSC 和 IR 区域未标注，GC 含量为 37.9%；含有 134 个基因，其中包括 37 个 tRNA 基因、8 个 rRNA 基因和 89 个蛋白质编码基因（Dong et al., 2018）。

## 资源类型

油脂、观赏、药用。

枝条

叶

花

果

# 峨眉鼠刺

*Itea omeiensis* C. K. Schneid.

**别　　名**　矩叶鼠刺

**系统发育**　蔷薇超目（Rosanae）虎耳草目（Saxifragales）鼠刺科（Iteaceae）鼠刺属（*Itea*）；超蔷薇分支（Superrosids）

## 鉴定辨别

灌木或小乔木，高 1.5 ～ 10 m，稀更高；幼枝黄绿色，无毛，老枝棕褐色，有纵棱；叶薄革质，长圆形，稀椭圆形，叶柄长 1 ～ 1.5 cm；腋生总状花序，单生或 2 ～ 3 簇生，直立，花梗长 2 ～ 3 mm；花瓣白色，披针形，长 3 ～ 3.5 mm，雄蕊与花瓣等长或长于花瓣；蒴果长 6 ～ 9 mm，被柔毛。与厚叶鼠刺（*Itea coriacea* Y.C. Wu）相比，厚叶鼠刺叶厚革质，叶下有腺体。

## 植物地理

北温带和南温带间断分布；在我国广域分布，产于华东、华中、华南和西南。

## 功能性状

小叶或中叶，叶长 6 ～ 12（16）cm；花很小，花瓣长 3 ～ 3.5 mm；叶氮含量Ⅲ级，小，为 10.58 mg/g；叶磷含量Ⅲ级，小，为 0.73 mg/g；N/P 比Ⅴ级，中等，为 14.49。

## 生物生态

矮高位芽植物或小高位芽植物或中高位芽植物；种群密度为 5.63 株 /$hm^2$，偶见种。

## 组学数据

暂无。

## 资源类型

材用、树脂。

# 疏花卫矛

## *Euonymus laxiflorus* Champ. & Benth.

**别　　名**　五稔子、佛手仔

**系统发育**　蔷薇超目（Rosanae）卫矛目（Celastrales）卫矛科（Celastraceae）卫矛属（*Euonymus*）；豆分支（Fabids）

### 鉴定辨别

灌木；叶对生，纸质或近革质，卵状椭圆形或长方椭圆形，先端钝渐尖，全缘或具不明显的锯齿，叶柄长 3 ～ 5 mm；聚伞花序分枝疏松；花紫色，萼片边缘常具紫色短睫毛，花瓣长圆形，基部窄；蒴果倒圆锥形；种子长圆状。与肉花卫矛（*Euonymus carnosus* Hemsl.）相比，疏花卫矛花 5 数；叶椭圆状或椭圆状披针形，下面的侧脉和网脉均不明显；花序通常疏长。

### 植物地理

泛热带（热带广布）；在我国区域分布，产于台、闽、赣、湘、港、粤、桂、黔、滇；越南也有分布。

### 功能性状

中叶，叶长 5 ～ 12 cm；花小，花径 8 mm。

### 生物生态

小高位芽植物；种群密度为 1.4 株 /$hm^2$，偶见种。

### 组学数据

叶绿体基因组全长 157 064 bp（Jin et al., 2021）。

### 资源类型

材用、观赏、食用、油脂、芳香。

叶正面

叶背面

果

花

花

# 中华杜英

*Elaeocarpus chinensis* (Gardner & Champ.) Hook. f. ex Benth.

**别　　名**　桃榅、羊尿岛

**系统发育**　蔷薇超目（Rosanae）酢浆草目（Oxalidales）杜英科（Elaeocarpaceae）杜英属（*Elaeocarpus*）；豆分支（Fabids）

## 鉴定辨别

常绿小乔木；小枝被微柔毛；叶柄纤细，幼时的稍具短柔毛，叶片卵状披针形或披针形，纸质，幼时具短柔毛；总状花序，花序梗被微柔毛；两性花，萼片 4 片，披针形，两面稍具短柔毛，花瓣 4 片，长圆形，边缘近全缘，正面疏生稍具短柔毛，雄蕊 8 枚或 9 枚，花丝非常短，子房 2 室；核果椭圆形。与短穗杜英（*Elaeocarpus brachystachyus* H. T. Chang）相比，叶下面无毛，基部圆形或钝或阔楔形。

## 植物地理

热带亚洲至热带大洋洲分布；在我国局域分布，产于闽、粤、桂、黔、赣、浙；越南也有分布。

## 功能性状

小叶，叶长 5～8 cm，宽 2～3 cm；花细小，花瓣长 3 mm；叶氮含量Ⅳ级，较小，为 13.50 mg/g，叶磷含量Ⅲ级，小，为 0.70 mg/g；N/P 比Ⅳ级，较小，为 19.29。

## 生物生态

小高位芽植物；种群密度为 1 146.35 株 /$hm^2$，常见种。

## 组学数据

暂无。

## 资源类型

材用。

# 杜英

*Elaeocarpus decipiens* Hemsl.

**别　　名**　假杨梅、梅擦饭

**系统发育**　蔷薇超目（Rosanae）酢浆草目（Oxalidales）杜英科（Elaeocarpaceae）杜英属（*Elaeocarpus*）；豆分支（Fabids）

## 鉴定辨别

常绿乔木；嫩枝及顶芽初时被微毛，不久变秃净，干后黑褐色；叶革质，披针形或倒披针形，叶柄初时有微毛，在结实时变秃净；总状花序多生于叶腋及无叶的去年枝条上，花序轴纤细，有微毛；花白色，萼片披针形，先端尖，两侧有微毛，雄蕊 25 ～ 30 枚。与披针叶杜英（*Elaeocarpus lanceifolius* Roxb.）相比，叶革质；雄蕊 25 ～ 30 枚；核果椭圆形，长 2 ～ 2.5 cm。

## 植物地理

热带亚洲至热带大洋洲分布；在我国广域分布，产于华东、华南、华中、西南及台湾岛。

## 功能性状

中叶，叶长 7 ～ 12 cm，宽 2 ～ 3.5 cm；花很小，花瓣长 5.5 mm，宽 1.5 mm。

## 生物生态

小高位芽植物；种群密度为 3.02 株 /hm$^2$，偶见种。

## 组学数据

叶绿体基因组全长为 158 148 bp，其中 LSC、SSC 区域未标注，IR 区为 27 414 bp，GC 含量为 42.4%；含有 134 个基因，其中包括 37 个 tRNA 基因、8 个 rRNA 基因和 89 个蛋白质编码基因（GenBank 登录号：MZ334669.1）。

## 资源类型

材用。

枝条

花

叶

果

# 日本杜英

*Elaeocarpus japonicus* Siebold & Zucc.

**别　　名**　薯豆

**系统发育**　蔷薇超目（Rosanae）酢浆草目（Oxalidales）杜英科（Elaeocarpaceae）杜英属（*Elaeocarpus*）；豆分支（Fabids）

## 鉴定辨别

乔木；嫩枝秃净无毛；叶芽有发亮绢毛；叶革质，通常卵形，老叶上面深绿色，发亮，干后仍有光泽，下面无毛，有多数细小黑腺点，在下面突起，边缘有疏锯齿；总状花序生于当年枝的叶腋内，花序轴有短柔毛，花柄被微毛；核果椭圆形。与绢毛杜英（*Elaeocarpus nitentifolius* Merr. & Chun）相比，叶下面有黑色腺点，侧脉 5 ～ 6 对；叶柄长 2 ～ 6 cm，子房 3 室。

## 植物地理

热带亚洲至热带大洋洲分布；在我国广域分布，产于我国长江以南各省（区、市）；越南、日本也有分布。

## 功能性状

小叶，叶长 6 ～ 12 cm，宽 3 ～ 6 cm；花很小，花瓣长 4 mm；叶氮含量Ⅳ级，较小，为 13.50 mg/g；叶磷含量Ⅳ级，较小，为 0.70 mg/g；N/P 比Ⅳ级，较小，为 19.29。

## 生物生态

小高位芽植物；种群密度为 93.43 株 /hm$^2$，常见种。

## 组学数据

叶绿体基因组全长为 157 639 bp，其中 LSC 区域为 85 784 bp，SSC 区域为 16 981 bp，IR 区域为 27 437 bp，GC 含量为 42.2%；含有 130 个基因，其中包括 38 个 tRNA 基因、8 个 rRNA 基因和 84 个蛋白质编码基因（GenBank 登录号：MT683335.1）。

## 资源类型

材用。

# 山杜英

*Elaeocarpus sylvestris* (Lour.) Poir.

**别　　名**　羊屎树、羊仔树

**系统发育**　蔷薇超目（Rosanae）酢浆草目（Oxalidales）杜英科（Elaeocarpaceae）杜英属（*Elaeocarpus*）；豆分支（Fabids）

## 鉴定辨别

小乔木；小枝纤细，通常秃净无毛，老枝干后暗褐色；叶纸质，倒卵形或倒披针形，叶脉在上面隐约可见，在下面稍突起，网脉不大明显，边缘有钝锯齿或波状钝齿；总状花序生于枝顶叶腋内；花柄长 3 ～ 4 mm，纤细，通常秃净，萼片 5 片，披针形；核果细小，椭圆形。与滇越杜英（*Elaeocarpus poilanei* Gagnep.）相比，嫩枝秃净；叶倒卵形或倒披针形。

## 植物地理

热带亚洲至热带大洋洲分布；在我国广域分布，产于华东、华南、西南及海南岛。

## 功能性状

小叶，叶长 4 ～ 8 cm，宽 2 ～ 4 cm；花很小，花瓣长 4 mm。

## 生物生态

小高位芽植物；种群密度为 30.52 株 /hm$^2$，常见种。

## 组学数据

暂无。

## 资源类型

材用。

整株

枝条

枝条

叶

花

果

# 猴欢喜

*Sloanea sinensis* (Hance) Hemsl.

叶

花

果

果

**别　　名**　狗欢喜、猴板栗

**系统发育**　蔷薇超目（Rosanae）酢浆草目（Oxalidales）杜英科（Elaeocarpaceae）猴欢喜属（*Sloanea*）；豆分支（Fabids）。

## 鉴定辨别

乔木，高 20 m；叶薄革质，常为长圆形，全缘，干后上面暗晦无光泽，下面秃净无毛；花簇生于枝顶叶腋，花瓣 4 片，白色；蒴果大小不一，内果皮紫红色；种子长 1 ～ 1.3 cm，黑色，有光泽，假种皮长，黄色；花期在 9—11 月，果期在翌年 6—7 月。与长叶猴欢喜［*Sloanea sterculiacea* var. *assamica* (Benth.) Coode］相比，长叶猴欢喜树皮暗褐色，稍粗糙，多细小皱褶裂纹，叶聚生于枝顶。

## 植物地理

东亚（热带、亚热带）及热带南美间断分布；在我国区域分布，产于粤、琼、桂、黔、湘、赣、闽、台和浙；越南也有分布。

## 功能性状

小叶或细叶，叶长 6 ～ 9 cm，宽 3 ～ 5 cm；花小，花瓣长 7 ～ 9 mm；叶氮含量Ⅳ级，较小，为 13.92 mg/g；叶磷含量Ⅸ级，极大，为 2.39 mg/g；N/P 比Ⅱ级，很小，为 5.82。

## 生物生态

中高位芽植物；种群密度为 275.52 株 /hm$^2$，常见种。

## 组学数据

暂无。

## 资源类型

材用、鞣料、观赏。

# 山桐子

## *Idesia polycarpa* Maxim.

**别　　名**　山梧桐、大叶子胖

**系统发育**　蔷薇超目（Rosanae）金虎尾目（Malpighiales）杨柳科（Salicaceae）山桐子属（*Idesia*）；豆分支（Fabids）

### 鉴定辨别

落叶乔木；幼枝疏被柔毛；叶互生，卵圆形或卵形，先端渐尖，基部心形，掌状5出脉，疏生锯齿。圆锥花序顶生或腋生，花单性，雌雄异株，花下位，无花瓣，雄花雄蕊多数，花丝不着生于花盘上，退化子房极小。浆果红色，球形。种子卵圆形，长1.5～2 mm；子叶圆形。与毛叶山桐子（*Idesia polycarpa* var. *vestita* Diels）相比，山桐子嫩枝被柔毛，叶下面密被微柔毛。

### 植物地理

北温带和南温带间断分布；在我国广域分布，产于西北、华北、华中、华南、华东、西南；朝鲜、日本也有分布。

### 功能性状

大叶，叶长13～16 cm；花小，花径12 mm；种子重量级7级，百粒重（0.18±0.01）g。

### 生物生态

中高位芽植物；种群密度为28株/$hm^2$，常见种。

### 组学数据

叶绿体基因组全长157 017 bp，其中LSC区域为84 787 bp，SSC区域为16 512 bp，IR区域为27 859 bp，GC含量为26.7%；含有110个基因，其中包括29个tRNA基因、4个rRNA基因和77个蛋白质编码基因（Yang et al., 2016）。

### 资源类型

材用、观赏、食用、油脂、芳香。

枝条

叶背面

果

叶正面

花

果

# 野桐

*Mallotus tenuifolius* Pax

叶正面

叶背面

花

果

**别　　名**　矮桐子

**系统发育**　蔷薇超目（Rosanae）金虎尾目（Malpighiales）大戟科（Euphorbiaceae）野桐属（*Mallotus*）；豆分支（Fabids）

## 鉴定辨别

小乔木或灌木，高 2～4 m；树皮褐色；叶互生，叶下面疏被星状粗毛；花雌雄异株；蒴果近扁球形，钝三棱形，密被有星状毛的软刺和红色腺点；种子近球形，褐色或暗褐色，具皱纹。本种与野梧桐［*Mallotus japonicusd* (L. f.) Müll. Arg.］的不同点是，叶下面疏被星状粗毛；雌花序总状，不分枝。

## 植物地理

分布于东半球热带地区；在我国广域分布，产于华东、华中、华南、西北、西南；尼泊尔、印度、缅甸和不丹也有分布。

## 功能性状

小叶、细叶、中叶或大叶，叶长 5～17 cm，宽 3～11 cm。

## 生物生态

小高位芽植物；种群密度为 2.08 株 /hm$^2$，偶见种。

## 组学数据

暂无。

## 资源类型

油脂、材用。

# 白木乌桕

*Neoshirakia japonica* (Siebold & Zucc.) Esser

**别　　名**　白乳木、野蓖麻

**系统发育**　蔷薇超目（Rosanae）金虎尾目（Malpighiale）大戟科（Euphorbiaceae）白木乌桕属（*Neoshirakia*）；豆分支（Fabids）

## 鉴定辨别

灌木或乔木；各部均无毛；枝纤细平滑，灰褐色；叶纸质互生，卵形或椭圆形，基部两侧不等，全缘，背面有腺体，基部具 2 个腺体，中脉背面凸起，网状脉，托叶膜质；花单性，雌雄同株，聚集成顶生；蒴果三棱状球形；种子扁球形。与斑子乌桕［*Neoshirakia atrobadiomaculata* (F. P. Metcalf) Esser & P. T. Li］对比，叶较大；斑子乌桕干时下面常呈红褐色，白木乌桕干时下面不为红褐色。

## 植物地理

泛热带广布；在我国广域分布，产于西南、华中、华南、华东。

## 功能性状

中叶，叶长 7 ～ 16 cm；花小，花苞片长 2 ～ 3 mm；种子重量级 6 级，百粒重为（17.35±0.77）g。

## 生物生态

小高位芽植物；种群密度为 0.31 株 /hm$^2$，稀有种。

## 组学数据

暂无。

## 资源类型

油脂、药用、材用、观赏。

枝条

叶

花序

果

# 山乌桕

*Triadica cochinchinensis* Lour.

**别　　名**　红心乌桕

**系统发育**　蔷薇超目（Rosanae）金虎尾目（Malpighiale）大戟科（Euphorbiaceae）乌桕属（*Triadica*）；豆分支（Fabids）

## 鉴定辨别

乔木或灌木；各部均无毛，小枝灰褐色，有皮孔；叶互生，纸质，嫩时呈淡红色，叶片椭圆形或长卵形，中脉在两面均凸起，背面近缘常有圆形腺体，叶柄顶端具 2 个毗连的腺体，托叶小，近卵形，易脱落；花单性，雌雄同株；总状花序；蒴果黑色，球形；种子近球形。与乌桕［*Triadica sebifera* (L.) Small］对比，叶为椭圆状卵形，长约为宽的 2 倍，顶端钝或短尖。

## 植物地理

泛热带广布；在我国广域分布，产于西南、华中、华南、华东。

## 功能性状

小叶，叶长 4 ～ 10 cm；花很小，花苞片长 1 ～ 1.2 mm。

## 生物生态

小高位芽植物；种群密度为 1.67 株 /$hm^2$，偶见种。

## 组学数据

暂无。

## 资源类型

油脂、材用、药用。

# 木油桐

*Vernicia montana* Lour.

**别　　名**　木油树、千年桐

**系统发育**　蔷薇超目（Rosanae）金虎尾目（Malpighiales）大戟科（Euphorbiaceae）油桐属（*Vernicia*）；豆分支（Fabids）

## 鉴定辨别

落叶乔木，高达 20 m；叶宽卵形，先端短尖或渐尖，基部心形或平截，全缘或 2 ～ 5 浅裂，老叶下面沿脉被柔毛；叶柄无毛，顶端有 2 枚具柄杯状腺体；花序生于当年已发叶枝条，雌雄异株或同株异序；核果卵球状，具 3 纵棱；种子扁球形，种皮厚，有疣突。与油桐［*Vernicia fordii* (Hemsl.) Airy Shaw］相比，木油桐叶全缘，叶柄顶端的腺体扁平、无柄；果平滑。

## 植物地理

泛热带（热带广布）分布；在我国广域分布，产于华东、华南、西南；越南、泰国、缅甸也有分布。

## 功能性状

大叶或中叶，叶长 8 ～ 20 cm；花小，花瓣长 2 ～ 3 cm。

## 生物生态

中高位芽植物；种群密度为 4.9 株 /hm$^2$，偶见种。

## 组学数据

叶绿体基因组全长 164 506 bp，其中 LSC 区域为 91 427 bp，SSC 区域为 17 149 bp，IR 区域为 27 965 bp，GC 含量为 35.8%；含有 130 个基因，其中包括 38 个 tRNA 基因、7 个 rRNA 基因、81 个蛋白质编码基因和 4 个假基因（Yao et al., 2021）。

## 资源类型

油脂、树脂。

# 日本五月茶

## *Antidesma japonicum* Siebold & Zucc.

**别　　名**　酸味子

**系统发育**　蔷薇超目（Rosanae）金虎尾目（Malpighiales）叶下珠科（Phyllanthaceae）五月茶属（*Antidesma*）；豆分支（Fabids）

### 鉴定辨别

乔木或灌木，高 2 ～ 8 m；叶片纸质至近革质；椭圆形、长椭圆形至长圆状披针形，稀倒卵形，长 3.5 ～ 13 cm，宽 1.5 ～ 4 cm，顶端通常尾状渐尖，有小尖头，基部楔形、钝或圆，除叶脉上被短柔毛外，其余均无毛；总状花序顶生，不分枝或有少数分枝；核果椭圆形，长 5 ～ 6 mm；花期在 4—6 月，果期在 7—9 月。与山地五月茶（*Antidesma montanum* Blume）相比，叶腋内无髯毛；叶片顶端常尾状渐尖。

### 植物地理

东半球热带地区分布；在我国广域分布，产于华东、华中、华南、西南。

### 功能性状

小叶、细叶或中叶，叶长 3.5 ～ 13 cm，宽 1.5 ～ 4 cm。

### 生物生态

小高位芽植物；种群密度为 51.25 株 /hm$^2$，常见种。

### 组学数据

暂无。

### 资源类型

油脂。

# 山槐

*Albizia kalkora* (Roxb.) Prain

**别　　名**　马缨花、山合欢

**系统发育**　蔷薇超目（Rosanae）豆目（Fabales）豆科（Fabaceae）合欢属（*Albizia*）；豆分支（Fabids）

## 鉴定辨别

落叶小乔木或灌木；枝条暗褐色，被短柔毛，有显著皮孔；二回羽状复叶；小叶长圆形或长圆状卵形，基部不等侧，两面均被短柔毛，中脉稍偏于上侧；头状花序生于叶腋，或于枝顶排成圆锥花序；花初白色，后变黄，具明显的小花梗，花冠中部以下联合呈管状；荚果带状；种子倒卵形。与阔荚合欢［*Albizia lebbeck* (L.) Benth.］相比，叶柄和叶轴上的腺体密被短柔毛。

## 植物地理

泛热带广布；在我国广域分布，产于华北、西北、华东、华南、西南。

## 功能性状

微叶，叶面积 88.46 $mm^2$；花小，花径长 6 ～ 8 mm；种子重量级 4 级，百粒重为 3.00 g；叶氮含量Ⅳ级，较小，为 15.08 mg/g；叶磷含量Ⅱ级，很小，为 0.49 mg/g；N/P 比Ⅸ级，极大，为 30.78。

## 生物生态

小高位芽植物；种群密度为 21.67 株 /$hm^2$，常见种。

## 组学数据

叶绿体基因组全长 176 158 bp，其中 LSC、SSC 和 IR 区域未标注，GC 含量为 35.5%；含有 135 个基因，其中包括 36 个 tRNA 基因、8 个 rRNA 基因和 91 个蛋白质编码基因（GenBank 登录号：MW420923.1）。

## 资源类型

材用、观赏、食用、药用。

枝条

叶

花

果

# 花榈木

*Ormosia henryi* Prain

**别　　名**　红豆树、臭桶柴

**系统发育**　蔷薇超目（Rosanae）豆目（Fabales）豆科（Fabaceae）红豆属（*Ormosia*）；豆分支（Fabids）

## 鉴定辨别

常绿乔木，高 16 m；树皮灰绿色。小枝、叶轴、花序密被茸毛。奇数羽状复叶；小叶 2 ～ 3 对，革质，椭圆形，无毛。圆锥花序顶生；花冠绿色；花丝淡绿色，花药灰紫色。荚果扁平，长椭圆形。与红豆树（*Ormosia hosiei* Hemsl. & E. H. Wilson）相比，红豆树小枝绿色，奇数羽状复叶，幼叶疏被细毛，老则脱落无毛；荚果近圆形，干后褐色，有种子 1 ～ 2 粒。

## 植物地理

世界广布；在我国广域分布，产于华东、华中、华南、西南；越南、泰国也有分布。

## 功能性状

大叶，复叶长 13 ～ 32.5（35）cm；花小，花瓣长约 1.6 cm。

## 生物生态

中高位芽植物；种群密度为 141.88 株 /$hm^2$，常见种。

## 组学数据

叶绿体基因组全长 174 128 bp，其中 LSC 区域为 74 231 bp，SSC 区域为 18 721 bp，IR 区域为 40 588 bp，GC 含量为 35.7%；含有 142 个基因，其中包括 37 个 tRNA 基因、8 个 rRNA 基因和 97 个蛋白质编码基因（GenBank 登录号：MH571754.1）。

## 资源类型

药用、材用。

# 刺叶桂樱

*Laurocerasus spinulosa* (Sieb. et Zucc.) Schneid.

**别　　名**　刺叶稠李

**系统发育**　蔷薇超目（Rosanae）蔷薇目（Rosales）蔷薇科（Rosaceae）桂樱属（*Laurocerasus*）；豆分支（Fabids）

## 鉴定辨别

常绿乔木，稀为灌木；小枝紫褐色或黑褐色，具皮孔，无毛或幼嫩时微被柔毛；叶片草质至薄革质，长圆形或倒卵状长圆形，基部偏斜，边缘中部以上具少数针状锯齿，两面无毛，具 1 对或 2 对基腺，托叶早落；总状花序生于叶腋；果实椭圆形。与尖叶桂樱［*Laurocerasus undulata* (D. Don) Roem.］相比，叶革质，上面有光泽，色较淡，全缘或叶缘有刺芒状锐齿；子房无毛。

## 植物地理

世界广布；在我国广域分布，产于华东、华南、华中、西南。

## 功能性状

小叶，叶长 5 ～ 10 cm；花很小，花径 3 ～ 5 mm；种子重量级 5 级，百粒重为（4.70±0. 30）g（黄力，2016）。

## 生物生态

中高位芽植物；种群密度为 5.94 株 /hm$^2$，偶见种。

## 组学数据

暂无。

## 资源类型

药用。

枝条

叶正面

果

叶背面

花

# 台湾林檎

*Malus doumeri* (Bois) A. Chev.

**别　　名**　尖嘴林檎、台湾海棠

**系统发育**　蔷薇超目（Rosanae）蔷薇目（Rosales）蔷薇科（Rosaceae）苹果属（*Malus*）；豆分支（Fabids）

## 鉴定辨别

灌木或小乔木，高 4 ～ 10 m；叶片卵状椭圆形，先端急尖或渐尖，边缘有圆钝锯齿；花序近伞形，有花 5 ～ 7 朵；萼片全缘，较萼筒长，花瓣倒卵形，紫白色，雄蕊约 30 枚；花柱 5 枚，较雄蕊稍长，柱头棒状；果实球形，宿萼有长筒，萼片反折，果心分离。与垂丝海棠（*Malus halliana* Koehne）相比，台湾林檎果实上具有宿存的管状萼筒，果心先端分离。

## 植物地理

世界广布；在我国区域分布，产于浙、徽、赣、湘、闽、粤、桂、滇。

## 功能性状

中叶，叶长 5 ～ 10 cm，宽 2.5 ～ 4 cm；花小，花瓣长 1 ～ 2 cm。

## 生物生态

中高位芽植物；种群密度为 8.85 株 /$hm^2$，偶见种。

## 组学数据

叶绿体基因组全长 160 175 bp，其中 LSC、SSC 和 IR 区域未标注，GC 含量为 36.5%；含有 128 个基因，其中包括 37 个 tRNA 基因、8 个 rRNA 基因和 83 个蛋白质编码基因（GenBank 登录号：MW115597.1）。

## 资源类型

药用、观赏。

# 中华石楠

*Photinia beauverdiana* C. K. Schneid.

**别　　名**　波氏石楠、牛筋木

**系统发育**　蔷薇超目（Rosanae）蔷薇目（Rosales）蔷薇科（Rosaceae）石楠属（*Photinia*）；豆分支（Fabids）

## 鉴定辨别

落叶灌木或小乔木，高 3 ～ 10 m；小枝无毛，紫褐色，有散生灰色皮孔；叶片薄纸质，长圆形、倒卵状长圆形或卵状披针形，叶柄微有柔毛；花多数，成复伞房花序；花直径 5 ～ 7 mm，花瓣白色，卵形或倒卵形，长 2 mm，雄蕊 20 枚，花柱 2 ～ 3 枚，基部合生；果实卵形，紫红色，无毛，微有疣点。与石楠［*Photinia serratifolia* (Desf.) Kalkman］相比，石楠叶柄较短，叶片革质。

## 植物地理

世界广布；在我国广域分布，产于华北、华东、华中、华南、西南和西北。

## 功能性状

小叶或细叶，叶长 5 ～ 10 cm；花很小，花瓣长 2 mm；种子重量级 9 级，百粒重为（0.48±0.01）g。

## 生物生态

中高位芽植物或小高位芽植物；种群密度为 11.46 株 /$hm^2$，常见种。

## 组学数据

暂无。

## 资源类型

观赏、药用。

枝条　叶　花　果

# 贵州石楠

*Photinia bodinieri* H. Lév.

**别　　名**　山官木、椤木石楠

**系统发育**　蔷薇超目（Rosanae）蔷薇目（Rosales）蔷薇科（Rosaceae）石楠属（*Photinia*）；豆分支（Fabids）

## 鉴定辨别

乔木；幼枝褐色，无毛；叶片革质，卵形、倒卵形或长圆形，先端尾尖，基部楔形，边缘有刺状齿，两面皆无毛，叶柄长 1 ～ 1.5 cm，无毛，上面有纵沟；复伞房花序顶生，总花梗和花梗有柔毛；花直径约 1 cm，花瓣白色，先端微缺，无毛，雄蕊 20 枚，较花瓣稍短，花柱 2 ～ 3 枚，合生。与石楠［*Photinia serratifolia* (Desf.) Kalkman］相比，石楠叶柄较长，花朵较小且花柱散生。

## 植物地理

世界广布；在我国广域分布，产于华北、华东、华中、华南、西南和西北。

## 功能性状

小叶或细叶，叶长 4.5 ～ 9 cm；花很小，花瓣直径约 4 mm；种子重量级 8 级，百粒重为（2.89±0.05）g；叶氮含量Ⅲ级，小，为 10.63 mg/g；叶磷含量Ⅳ级，较小，为 1.08 mg/g；N/P 比Ⅲ级，小，为 9.84。

## 生物生态

中高位芽植物；种群密度为 1.04 株 /$hm^2$，偶见种。

## 组学数据

基因组大小Ⅲ级，小，为 $7.46\times10^8$ bp；染色体数目为 34 对。

## 资源类型

观赏、材用。

# 小叶石楠

*Photinia parvifolia* (E.Pritz.) C. K. Schneid.

**别　　名**　山红子、牛李子

**系统发育**　蔷薇超目（Rosanae）蔷薇目（Rosales）蔷薇科（Rosaceae）石楠属（*Photinia*）；豆分支（Fabids）

## 鉴定辨别

落叶灌木，高 1 ～ 3 m；枝纤细，小枝红褐色，无毛，有黄色散生皮孔；叶片草质，椭圆形、椭圆卵形或菱状卵形；花 2 ～ 9 朵，成伞形花序，无总花梗；花直径 0.5 ～ 1.5 cm，花瓣白色，雄蕊 20 枚，较花瓣短；果实椭圆形或卵形，橘红色或紫色。与褐毛石楠［*Photinia hirsuta* Hand.-Mazz.］相比，褐毛石楠小枝、叶柄、花梗、萼筒外面及萼片皆密生褐色硬毛，且为聚伞花序。

## 植物地理

世界广布；在我国广域分布，产于华东、华中、华南、西南和西北。

## 功能性状

小叶或细叶，叶长 4 ～ 8 cm；花很小，花瓣直径 4 ～ 5 mm。

## 生物生态

矮高位芽植物或小高位芽植物；种群密度为 6.46 株 /hm$^2$，偶见种。

## 组学数据

暂无。

## 资源类型

观赏、药用。

# 桃叶石楠

*Photinia prunifolia* (Hook. & Arn.) Lindl.

**别　　名**　山杠木、石笔木

**系统发育**　蔷薇超目（Rosanae）蔷薇目（Rosales）蔷薇科（Rosaceae）石楠属（*Photinia*）；豆分支（Fabids）

## 鉴定辨别

常绿乔木，高 10 ～ 20 m；小枝无毛，灰黑色，具黄褐色皮孔；叶片革质，长圆形或长圆披针形；花多数，密集成顶生复伞房花序，总花梗和花梗微有长柔毛；花瓣白色，长约 4 mm，先端圆钝，基部有绒毛，雄蕊 20 枚，与花瓣等长或稍长；果实椭圆形，红色。与石楠［*Photinia serratifolia* (Desf.) Kalkman］相比，石楠叶柄不具腺体和锯齿，叶片下面无腺点。

## 植物地理

世界广布；在我国区域分布，产于浙、闽、赣、湘、粤、桂、琼和港。

## 功能性状

细叶或中叶，叶长 7 ～ 13 cm；花很小，花瓣长约 4 mm。

## 生物生态

中高位芽植物；种群密度为 1.15 株 /hm$^2$，偶见种。

## 组学数据

暂无。

## 资源类型

观赏。

# 石楠

## *Photinia serratifolia* (Desf.) Kalkman

**别　　名**　凿角、石纲

**系统发育**　蔷薇超目（Rosanae）蔷薇目（Rosales）蔷薇科（Rosaceae）石楠属（*Photinia*）；豆分支（Fabids）

### 鉴定辨别

常绿灌木或小乔木，高 4 ～ 6 m；枝褐灰色，无毛；冬芽卵形，鳞片褐色，无毛；叶片革质，长椭圆形、长倒卵形或倒卵状椭圆形；复伞房花序顶生，花密生，直径 6 ～ 8 mm；花瓣白色，直径 3 ～ 4 mm，雄蕊 20 枚，花柱 2 枚，有时为 3 枚，基部合生；果实球形，红色，后呈褐紫色。与桃叶石楠［*Photinia prunifolia* (Hook. & Arn.) Lindl.］相比，桃叶石楠叶柄具腺体和锯齿，叶片下面有腺点。

### 植物地理

世界广布；在我国广域分布，产于华北、华东、华中、华南、西南和西北。

### 功能性状

细叶或中叶，叶长 9 ～ 22 cm，宽 3 ～ 6.5 cm；花很小，花瓣直径 3 ～ 4 mm；种子重量级 10 级，百粒重为（2.84±0.07）g；叶氮含量Ⅵ级，较大，为 21.51 mg/g；叶磷含量Ⅱ级，很小，为 0.54 mg/g；N/P 比Ⅸ级，极大，为 39.83。

### 生物生态

矮高位芽植物；种群密度为 13.02 株 /hm$^2$，常见种。

### 组学数据

基因组大小Ⅲ级，小，为 $6.70\times10^8$ bp；染色体数目为 34 对。叶绿体基因组全长为 160 254 bp，其中 LSC 区域为 88 210 bp，SSC 区域为 19 278 bp，IR 区域为 26 383 bp，GC 含量为 36.44%；含有 131 个基因，基因类别未标注（Liu et al., 2020）。

### 资源类型

观赏、材用、药用、油脂。

# 钟花樱

*Prunus campanulata* Maxim.

枝条

叶

花

果

**别　　名**　山樱花、绯樱

**系统发育**　蔷薇超目（Rosanae）蔷薇目（Rosales）蔷薇科（Rosaceae）李属（*Prunus*）；豆分支（Fabids）

## 鉴定辨别

乔木或灌木，高 3 ~ 8 m；树皮黑褐色；叶片卵形，薄革质，先端渐尖，基部圆形，边有急尖锯齿；伞形花序，先叶开放，萼筒钟状，基部略膨大；花瓣倒卵状长圆形，粉红色，先端颜色较深，下凹，花柱通常比雄蕊长，无毛；核果卵球形，果梗先端稍膨大并有萼片宿存。与高盆樱桃（*Prunus cerasoides* Buch.-Ham. ex D. Don）相比，钟花樱的花柱比雄蕊长。

## 植物地理

世界广布；在我国区域分布，产于苏、闽、赣、湘、粤、桂、滇、台。

## 功能性状

小叶，叶长 4 ~ 7 cm，宽 2 ~ 3.5 cm；花中等，花直径 1.5 ~ 2 cm。

## 生物生态

小高位芽植物；种群密度为 17.40 株 /hm$^2$，常见种。

## 组学数据

叶绿体基因组全长 157 906 bp，其中 LSC 区域为 85 929 bp，SSC 区为 19 113 bp，IR 区为 26 432 bp，GC 含量为 36.7%；含有 126 个基因，其中包括 39 个 tRNA 基因、8 个 rRNA 基因和 79 个蛋白质编码基因（Cheng et al., 2018）。

## 资源类型

观赏、药用。

# 石斑木

*Rhaphiolepis indica* (L.) Lindl.

**别　　名**　年轮梅、春花

**系统发育**　蔷薇超目（Rosanae）蔷薇目（Rosales）蔷薇科（Rosaceae）石斑木属（*Rhaphiolepis*）；豆分支（Fabids）

## 鉴定辨别

常绿灌木，稀小乔木；叶片集生于枝顶，卵形、长圆形，先端圆钝，急尖、渐尖或长尾尖，基部渐狭连于叶柄，边缘具细钝锯齿，上面光亮，平滑无毛；顶生圆锥花序或总状花序；花瓣5片，白色或淡红色，倒卵形或披针形，先端圆钝，基部具柔毛。与锈毛石斑木（*Rhaphiolepis ferruginea* F. P. Metcalf）相比，叶片下面、叶柄及花梗密生锈色绒毛，叶片椭圆形或宽披针形，叶边全缘或中部以上有锯齿。

## 植物地理

热带亚洲至热带非洲分布；在我国广域分布，产于华东、华中、华南；日本、老挝、越南、柬埔寨、泰国和印度尼西亚也有分布。

## 功能性状

叶小，叶长4～8 cm，宽1.5～4 cm；花小，花瓣长5～7 mm，宽4～5 mm。

## 生物生态

小高位芽植物；种群密度为9.90株/hm$^2$，偶见种。

## 组学数据

基因组大小Ⅲ级，小，为6.85×10$^8$ bp；染色体数目为34对。叶绿体基因组全长为159 466 bp，其中LSC区域为71 935 bp，SSC区域为19 317 bp，IR区域为26 335 bp，GC含量为36.7%；含有131个基因，其中包括37个tRNA基因、8个rRNA基因和86个蛋白质编码基因（Liu et al., 2019）。

## 资源类型

材用、食用。

# 枳椇
*Hovenia acerba* Lindl.

**别　　名**　枸、拐枣

**系统发育**　蔷薇超目（Rosanae）蔷薇目（Rosales）鼠李科（Rhamnaceae）枳椇属（*Hovenia*）；豆分支（Fabids）

## 鉴定辨别
大乔木；小枝褐色或黑紫色；叶互生，厚纸质至纸质，顶端长或短渐尖，基部截形或心形；二歧式聚伞圆锥花序，顶生和腋生，花两性，萼片具网状脉或纵条纹，花瓣椭圆状匙形；浆果状核果近球形，成熟时黄褐色或棕褐色；种子暗褐色或黑紫色。与北枳椇（*Hovenia dulcis* Thunb.）相比，枳椇叶具整齐的浅钝细锯齿，花序为不对称的聚伞圆锥花序，果实较小。

## 植物地理
世界广布；在我国广域分布，产于西北、华东、华中、华南、西南；印度、尼泊尔、锡金、不丹和缅甸北部等也有分布。

## 功能性状
中叶或大叶，叶长 8 ～ 17 cm；花小，花径 5 ～ 6.5 mm；种子重量级 9 级，百粒重（2.78±0.03）g。

## 生物生态
中高位芽植物；种群密度为 3.1 株 /hm$^2$，偶见种。

## 组学数据
叶绿体基因组全长 161 668 bp，其中 LSC 区域为 89 451 bp，SSC 区域为 18 979 bp，IR 区域为 26 619 bp，GC 含量为 36.69%；含有 130 个基因，其中包括 37 个 tRNA 基因、8 个 rRNA 基因和 85 个蛋白质编码基因（Yin et al., 2020）。

## 资源类型
食用、材用、药用。

# 山黄麻

*Trema tomentosa* (Roxb.) H. Hara

**别　　名**　麻桐树、麻络木

**系统发育**　蔷薇超目（Rosanae）蔷薇目（Rosales）大麻科（Cannabaceae）山黄麻属（*Trema*）；豆分支（Fabids）

## 鉴定辨别

小乔木或灌木；树皮灰褐色；小枝灰褐至棕褐色，密被短绒毛；叶纸质或薄革质，宽卵形或卵状矩圆形，基部明显偏斜，边缘有细锯齿，基部三出脉，托叶条状披针形；雄花几乎无梗，雌花具短梗；核果宽卵珠状；种子阔卵珠状，两侧有棱。与山油麻［*Trema cannabina* var. *dielsiana* (Hand.-Mazz.) C. J. Chen］相比，叶下面密生银灰色柔毛，而山油麻幼时叶下面被非灰色柔毛，老时近乎无毛。

## 植物地理

世界广布；在我国区域分布，产于闽、台、粤、琼、桂、川、滇、藏。

## 功能性状

中叶，叶长 7 ～ 20 cm；花很小，雄花花径 1.5 ～ 2 mm，雌花花瓣长 1 ～ 1.5 mm。

## 生物生态

中高位芽植物；种群密度为 1.88 株 /hm$^2$，偶见种。

## 组学数据

叶绿体基因组全长 157 157 bp，其中 LSC 区域为 86 829 bp，SSC 区域为 19 332 bp，IR 区域为 25 498 bp，GC 含量为 36.3%；含有 132 个基因，其中包括 37 个 tRNA 基因、8 个 rRNA 基因和 87 个蛋白质编码基因（GenBank 登录号：MT742255.1）。

## 资源类型

纤维、鞣料、材用、药用。

枝条

果

# 天仙果

*Ficus erecta* Thunb.

枝条

叶

果

叶

花、果

果

**别　　名**　假枇杷果、天仙果

**系统发育**　蔷薇超目（Rosanae）蔷薇目（Rosales）桑科（Moraceae）榕属（*Ficus*）；豆分支（Fabids）

## 鉴定辨别

大型落叶灌木；枝粗壮，疏分枝；叶厚纸质，叶倒卵形，全缘或上部偶有疏齿，表面微粗糙，叶柄密被灰白色短硬毛，托叶膜质，早落；榕果单生叶腋，具总梗，球形；雄花和瘿花生于同一榕果内壁，雌花生于另一植株的榕果中。与线尾榕（*Ficus filicauda* Hand.-Mazz.）相比，天仙果叶为倒卵状椭圆形，表面较粗糙，微生柔毛；线尾榕叶为披针状长椭圆形，表面无毛。

## 植物地理

世界广布；在我国区域分布，产于粤、桂、黔、鄂、湘、闽、浙、台。

## 功能性状

大叶，叶长 7 ～ 20 cm；花中，榕果直径 10 ～ 15 mm（隐头花序）；叶氮含量Ⅴ级，中等，为（18.30±1.70）mg/g；叶磷含量Ⅴ级，中等，为（1.30±0.10）mg/g；N/P 比Ⅳ级，较小，为 14.08（阎恩荣等，2010）。

## 生物生态

小高位芽植物；种群密度为 51.98 株 /$hm^2$，常见种。

## 组学数据

叶绿体基因组全长 160 603 bp，其中 LSC 区域为 88 640 bp，SSC 区域为 20 165 bp，IR 区域为 25 899 bp，GC 含量为 35.9%；含有 112 个基因，其中包括 30 个 tRNA 基因、4 个 rRNA 基因和 78 个蛋白质编码基因（Wang et al., 2020d）。

## 资源类型

纤维、药用。

# 异叶榕

*Ficus heteromorpha* Hemsl.

**别　　名**　异叶天仙果

**系统发育**　蔷薇超目（Rosanae）蔷薇目（Rosales）桑科（Moraceae）榕属（*Ficus*）；豆分支（Fabids）

## 鉴定辨别

落叶灌木或小乔木；树皮灰褐色；小枝红褐色，节短；叶多形，表面略粗糙，背面有细小钟乳体，全缘或微波状，基生侧脉较短，托叶披针形；榕果成对生短枝叶腋，稀单生，球形或圆锥状球形，光滑，成熟时紫黑色；雄花和瘿花同生于一榕果中。与榕树（*Ficus microcarpa* L. f.）相比，幼枝常被硬毛或短柔毛；叶纸质，叶形多变化，两面粗糙，无毛或被疏短伏毛。

## 植物地理

世界广布；在我国广域分布，产于华东、华中、华南、西北。

## 功能性状

大叶，叶长 10 ～ 18 cm；花小，榕果直径 6 ～ 10 mm（隐头花序）。

## 生物生态

小高位芽植物；种群密度 0.63 株 /hm$^2$，稀有种。

## 组学数据

叶绿体基因组全长 160 333 bp，其中 LSC、SSC 和 IR 区域未标注，GC 含量为 35.9%；含有 125 个基因，其中包括 37 个 tRNA 基因、8 个 rRNA 基因和 80 个蛋白质编码基因（GenBank 登录号：MW039145.1）。

## 资源类型

纤维、食用、药用。

枝条

叶

花、果

花、果

# 变叶榕
## *Ficus variolosa* Lindl. ex Benth.

**别　名**　赌博赖、击常木

**系统发育**　蔷薇超目（Rosanae）蔷薇目（Rosales）桑科（Moraceae）榕属（*Ficus*）；豆分支（Fabids）

### 鉴定辨别
灌木或小乔木；树皮灰褐色，光滑；小枝节间短；叶薄革质，狭椭圆形至椭圆状披针形，全缘，托叶长三角形；榕果成对或单生叶腋，球形，瘦果表面有瘤体；瘿花子房球形，雌花生另一植株榕果内壁，子房肾形。与垂叶榕（*Ficus benjamina* L.）相比，植株较小，为灌木或小乔木；叶通常为长椭圆形，侧脉纤细，近边缘连接，在叶下面明显。

### 植物地理
世界广布；在我国区域分布，产于浙、赣、闽、粤、桂、湘、黔、滇。

### 功能性状
中叶，叶长 5 ～ 12 cm；花小，榕果直径 10 ～ 12 mm（隐头花序）。

### 生物生态
小高位芽植物；种群密度为 11.88 株 /$hm^2$，常见种。

### 组学数据
暂无。

### 资源类型
纤维、药用。

# 米槠

*Castanopsis carlesii* (Hemsl.) Hayata

**别　　名**　米锥、白栲

**系统发育**　蔷薇超目（Rosanae）壳斗目（Fagales）壳斗科（Fagaceae）锥属（*Castanopsis*）；豆分支（Fabids）

## 鉴定辨别

乔木；高达 20 m；小枝及花序轴被稀少红褐色片状蜡鳞；叶披针形或卵状披针形，全缘或中部以上具浅齿，幼叶下面被红褐或褐黄色蜡鳞层，老叶稍灰白色；花序轴近无毛；壳斗近球形或宽卵圆形，果近球形或宽圆锥形，顶端疏被伏毛。与短刺米槠（*Castanopsis carlesii* var. *spinulosa* W. C. Cheng & C. S. Chao）相比，米槠壳斗的上半部有稀少短刺，下半部无刺或有甚短的刺，壳斗通常爆裂。

## 植物地理

北温带和南温带间断分布；在我国广域分布，产于华东、华南、华中、西南。

## 功能性状

中叶，叶长 6 ～ 12 cm，宽 1.5 ～ 3 cm；花径大小、种子大小暂无；叶氮含量Ⅲ级，小，为 9.85 mg/g；叶磷含量Ⅳ级，较小，为 0.85 mg/g，N/P 比Ⅳ级，较小，为 11.59。

## 生物生态

中高位芽植物；种群密度为 35.63 株 $/hm^2$，常见种。

## 组学数据

叶绿体基因组全长 160 205 bp，其中 LSC 区域为 89 849 bp，SSC 区域为 19 016 bp，IR 区域为 25 670 bp，GC 含量为 36.82%；含有 124 个基因，其中包括 37 个 tRNA 基因、8 个 rRNA 基因和 79 个蛋白质编码基因 (Sun et al., 2019)。

## 资源类型

观赏。

# 甜槠

*Castanopsis eyrei* (Champ. ex Benth.) Tutcher

**别　　名**　茅丝栗、丝栗

**系统发育**　蔷薇超目（Rosanae）壳斗目（Fagales）壳斗科（Fagaceae）锥属（*Castanopsis*）；豆分支（Fabids）

## 鉴定辨别

常绿大乔木；树皮褐色；小枝无毛；叶革质互生，卵形、卵状披针形或长椭圆形，先端长渐尖或尾尖，基部不对称，全缘或近顶端疏生浅齿，两面无毛；雄花序直立，穗状或圆锥花序，花序轴无毛；壳斗宽卵形，小苞片刺形，基部或中部以下合生为刺轴；坚果宽圆锥形，无毛。与苦槠［*Castanopsis sclerophylla* (Lindl.) Schottky］相比，甜槠叶两面同色，全缘或在顶部有锯齿。

## 植物地理

北温带和南温带间断分布；在我国广域分布，产于华东、华南、华中、西南。

## 功能性状

中叶，叶长 5 ～ 13 cm，宽 1.5 ～ 5.5 cm；花很小，花径 5.2 mm；种子重量级 13 级，单粒重为 0.36 g；叶氮含量Ⅲ级，小，为 11.70 mg/g；叶磷含量Ⅳ级，较小，为 0.85 mg/g；N/P 比Ⅳ级，较小，为 13.76。

## 生物生态

中高位芽植物；种群密度为 110.10 株 /hm$^2$，常见种。

## 组学数据

暂无。

## 资源类型

食用、材用、鞣料。

# 罗浮锥

## *Castanopsis faberi* Hance

**别　　名**　罗浮栲

**系统发育**　蔷薇超目（Rosanae）壳斗目（Fagales）壳斗科（Fagaceae）锥属（*Castanopsis*）；豆分支（Fabids）

### 鉴定辨别

常绿乔木，树高达 25 m；树皮暗灰色；小枝无毛或近无尾；叶卵状椭圆形至椭圆状披针形，全缘或顶有几对钝锯齿，下面浅色或苍灰色；壳斗近球形，外被短而锐利针刺，坚果圆锥形，一侧扁平，果脐近三角形，大于坚果基部。与鹿角锥（*Castanopsis lamontii* Hance）相比，罗浮锥坚果无毛，或幼嫩时在顶部柱座四周有稀疏短伏毛。

### 植物地理

北温带和南温带间断分布；在我国广域分布，产于华东、华南、华中、西南。

### 功能性状

中叶，叶长 6 ～ 15 cm，宽 2.5 ～ 4.5 cm；花径大小、种子大小暂无；叶氮含量Ⅴ级，中等，为 19.97 mg/g；叶磷含量Ⅳ级，较小，为 0.99 mg/g，N/P 比Ⅵ级，较大，为 20.17。

### 生物生态

中高位芽植物；种群密度为 334.06 株 /$hm^2$，常见种。

### 组学数据

暂无。

### 资源类型

材用。

枝条

叶正面

叶背面

花

花

果

# 栲

## *Castanopsis fargesii* Franch.

**别　　名**　红栲、红叶栲

**系统发育**　蔷薇超目（Rosanae）壳斗目（Fagales）壳斗科（Fagaceae）锥属（*Castanopsis*）；豆分支（Fabids）

### 鉴定辨别

乔木，高达 30 m；叶长椭圆形、卵状长椭圆形，稀卵形，全缘或近顶部疏生浅齿，上面中脉凹下，下面被红褐或黄褐色粉状蜡鳞；壳斗球形或宽卵圆形，坚果圆锥形；高略过于宽，或近乎圆球形，无毛，果脐在坚果底部。与罗边锥（*Castanopsis ouonbiensis* Hickel & A. Camus）相比，栲蜡鳞褐红色或淡棕黄色，叶背及当年生枝及花序轴均无毛。

### 植物地理

北温带和南温带间断分布；在我国广域分布，产于华东、华南、华中、西南。

### 功能性状

中叶，叶长 7 ~ 15 cm，宽 2 ~ 5 cm；种子重量级 16 级，百粒重为 5.98 g；叶磷含量Ⅲ级，小，为 0.76 mg/g。

### 生物生态

大高位芽植物；种群密度为 58.65 株 /$hm^2$，常见种。

### 组学数据

叶绿体基因组全长 160 519 bp，其中 LSC 区域为 90 243 bp，SSC 区域为 18 876 bp，IR 区域为 25 693 bp，GC 含量为 36.81%；含有 130 个基因，其中包括 37 个 tRNA 基因、8 个 rRNA 基因和 85 个蛋白质编码基因（Miao et al., 2020）。

### 资源类型

材用、食用。

# 毛锥

## *Castanopsis fordii* Hance

**别　　名**　南岭栲、毛栲

**系统发育**　蔷薇超目（Rosanae）壳斗目（Fagales）壳斗科（Fagaceae）锥属（*Castanopsis*）；豆分支（Fabids）

### 鉴定辨别

乔木，高达 30 m；芽鳞、小枝、花序轴、叶下面及叶柄均密被红褐色粗长毛；老枝毛渐脱落；叶长圆形或长椭圆形，先端短尖，稀圆钝，基部稍心形或浅耳状，稀近圆，全缘，上面中脉凹下，下面红褐至灰白色；雄花序多圆锥状；壳斗球形，果扁圆锥形，密被伏毛。与吊皮锥（*Castanopsis kawakamii* Hayata）相比，毛锥叶背及叶柄密被略粗糙的长毛。

### 植物地理

北温带和南温带间断分布；在我国区域分布，产于浙、赣、闽、湘四省南部，粤、桂东南部。

### 功能性状

大叶，叶长 9 ～ 18 cm，宽 3 ～ 6 cm。

### 生物生态

大高位芽植物；种群密度为 13.44 株 /hm$^2$，常见种。

### 组学数据

暂无。

### 资源类型

食用、材用。

# 鹿角锥

## *Castanopsis lamontii* Hance

枝条

叶

果

**别　　名**　臭栲、箐板栗

**系统发育**　蔷薇超目（Rosanae）壳斗目（Fagales）壳斗科（Fagaceae）锥属（*Castanopsis*）；豆分支（Fabids）

### 鉴定辨别

乔木，高达 25 m；枝、叶、花序轴均无毛；叶椭圆形或卵状长椭圆形，全缘或近顶部疏生浅齿，幼叶两面近同色，老叶下面稍苍灰色；雄穗状花序生于近枝顶叶腋，雌花序常生于雄花序之上的叶腋；壳斗近球形，鹿角状分叉，果宽圆锥形，密被短伏毛，果脐大于果底部。与厚叶锥（*Castanopsis crassifolia* Hickel & A. Camus）相比，坚果阔圆锥形，果脐占坚果面积的 2/5 ～ 1/2。

### 植物地理

北温带和南温带间断分布；在我国区域分布，产于闽、赣、湘、黔、粤、桂、云。

### 功能性状

大叶，叶长 12 ～ 30 cm，宽 4 ～ 10 cm。

### 生物生态

中高位芽植物；种群密度为 0.73 株 /$hm^2$，稀有种。

### 组学数据

暂无。

### 资源类型

材用、食用、观赏。

# 苦槠

*Castanopsis sclerophylla* (Lindl.) Schottky

**别　　名**　结节锥栗、槠栗

**系统发育**　蔷薇超目（Rosanae）壳斗目（Fagales）壳斗科（Fagaceae）锥属（*Castanopsis*）；豆分支（Fabids）

## 鉴定辨别

乔木，高 5 ～ 10 m；小枝灰色，当年生枝红褐色；叶二列，革质，长椭圆形，卵状椭圆形或兼有倒卵状椭圆形；花序轴无毛，雄穗状花序通常单穗腋生；壳斗圆球形或半圆球形，全包或包着坚果的大部分，坚果近圆球形，顶部短尖，被短伏毛，果脐位于坚果的底部。与甜槠［*Castanopsis eyrei* (Champ. ex Benth.) Tutcher］相比，苦槠成长叶叶背淡银灰色，中部以上有锯齿状锐齿。

## 植物地理

北温带和南温带间断分布；在我国广域分布，产于华东、华中、华南、西南地区。

## 功能性状

中叶，叶长 7 ～ 15 cm，宽 3 ～ 6 cm；花小，花径 5.5 mm；种子重量级 13 级，百粒重为 0.690 g；叶氮含量Ⅳ级，较小，为 13.60 mg/g；叶磷含量Ⅲ级，小，为 0.83 mg/g；N/P 比Ⅴ级，中等，为 16.48。

## 生物生态

小高位芽植物；种群密度为 2.5 株 /hm$^2$，偶见种。

## 组学数据

叶绿体基因组全长 160 497 bp，其中 LSC 区域为 90 255 bp，SSC 区域为 18 892 bp，IR 区域为 25 675 bp，GC 含量为 36.82%；含有 120 个基因，其中包括 37 个 tRNA 基因、4 个 rRNA 基因和 79 个蛋白质编码基因（Ye et al., 2019）。

## 资源类型

材用、食用、观赏。

整株　树干　叶　花　果

# 钩锥

*Castanopsis tibetana* Hance

**别　　名**　槠栗、大叶钩栗

**系统发育**　蔷薇超目（Rosanae）壳斗目（Fagales）壳斗科（Fagaceae）锥属（*Castanopsis*）；豆分支（Fabids）

## 鉴定辨别

乔木，高达 30 m；枝、叶无毛；叶卵状椭圆形、长椭圆形或倒卵状椭圆形，先端短尖、渐尖或短尾尖，基部近圆或宽楔形，近顶部或中上部具锯齿，上面中脉凹下，下面红褐或灰褐色；雄花序圆锥状；壳斗球形，果扁圆锥形，被毛。与窄叶锥（*Castanopsis choboensis* Hickel & A. Camus）相比，钩锥嫩叶叶背有红褐色或黄棕色较松散的蜡鳞层，成长叶背面淡银灰色或带苍灰色。

## 植物地理

北温带和南温带间断分布；在我国广域分布，产于华东、华中、华南、西南。

## 功能性状

大叶，叶长 15 ～ 30 cm，宽 5 ～ 10 cm；叶氮含量Ⅲ级，小，为 11.40 mg/g；叶磷含量Ⅱ级，很小，为 0.45 mg/g；N/P 比Ⅷ级，很大，为 25.33。

## 生物生态

大高位芽植物；种群密度为 16.35 株 /$hm^2$，常见种。

## 组学数据

暂无。

## 资源类型

材用。

# 包果柯

*Lithocarpus cleistocarpus* (Seemen) Rehder & E.H.Wilsonin Sarg.

**别　　名**　包槲柯、猪栎树

**系统发育**　蔷薇超目（Rosanae）壳斗目（Fagales）壳斗科（Fagaceae）柯属（*Lithocarpus*）；豆分支（Fabids）

## 鉴定辨别

乔木，高 5 ～ 10 m；叶革质，卵状椭圆形或长椭圆形，全缘，叶背有紧实的蜡鳞层；雄花序单穗或呈圆锥状，雌花簇散生于花序轴上；壳斗近球形，顶部平，被三角状鳞片，稍下鳞片环渐不明显；果近球形，顶部近平，稍突尖或微凹，疏被伏毛，果脐凸起。与薄叶柯（*Lithocarpus tenuilimbus* H. T. Chang）相比，包果柯两年及三年生枝有灰黄色或白灰色薄片状的蜡鳞层。

## 植物地理

北温带和南温带间断分布；在我国广域分布，产于华东、华南、华中、西北、西南。

## 功能性状

大叶，叶长 9 ～ 16 cm，宽 3 ～ 5 cm。

## 生物生态

小高位芽植物；种群密度为 1.15 株 /$hm^2$，偶见种。

## 组学数据

暂无。

## 资源类型

食用、材用。

枝条

叶正面

叶背面

# 柯

*Lithocarpus glaber* (Thunb.) Nakai

**别　　名**　石栎、椆

**系统发育**　蔷薇超目（Rosanae）壳斗目（Fagales）壳斗科（Fagaceae）柯属（*Lithocarpus*）；豆分支（Fabids）

## 鉴定辨别

乔木，高 15 m；小枝、幼叶柄、叶下面及花序轴均密被灰黄色短绒毛；叶革质或厚纸质，倒卵形、倒卵状椭圆形或长椭圆形；雄穗状花序多排成圆锥花序或单穗腋生；果序轴通常被短柔毛，壳斗碟状或浅碗状；坚果椭圆形，顶端尖，或长卵形，有淡薄的白色粉霜，暗栗褐色。与格林柯［*Lithocarpus collettii* (King ex Hook. f.) A. Camus］相比，柯叶片通常中部以上最宽。

## 植物地理

北温带和南温带间断分布；在我国广域分布，产于华东、华南、华中、西南、台湾、香港。

## 功能性状

中叶，叶长 6 ～ 14 cm，宽 2.5 ～ 5.5 cm；花很小，花径 3 mm；种子重量级 14 级，百粒重为 1.05 g；叶氮含量Ⅴ级，中等，为 19.2 mg/g；叶磷含量Ⅳ级，较小，为 0.99 mg/g；N/P 比Ⅵ级，较大，为 19.39。

## 生物生态

中高位芽植物；种群密度为 5.63 株 /$hm^2$，偶见种。

## 组学数据

基因组大小Ⅲ级，小，为 $9.06\times10^8$ bp。

## 资源类型

食用、材用、鞣料。

# 港柯

## *Lithocarpus harlandii* (Hance ex Walp.) Rehder

**别　　名**　东南石栎

**系统发育**　蔷薇超目（Rosanae）壳斗目（Fagales）壳斗科（Fagaceae）柯属（*Lithocarpus*）；豆分支（Fabids）

### 鉴定辨别

乔木；新生枝紫褐色；叶硬革质，披针形，椭圆形或倒披针形，叶边缘在上段有波浪状钝裂齿，稀全缘；花序轴被微柔毛，雄圆锥花序由多个穗状花序组成；壳斗浅碗状，小苞片鳞片状，三角形或四边菱形，覆瓦状排列，被微柔毛；坚果长圆锥形或宽椭圆形。与齿叶柯［*Lithocarpus kawakamii* (Hayata) Hayata］相比，港柯叶的支脉不明显或隐约可见。

### 植物地理

北温带和南温带间断分布；在我国区域分布，产于闽、粤、桂、琼、湘、赣、台、浙。

### 功能性状

大叶，叶长 7 ～ 18 cm，宽 3 ～ 6 cm。

### 生物生态

中高位芽植物；种群密度为 2.71 株 /hm$^2$，偶见种。

### 组学数据

暂无。

### 资源类型

观赏。

枝条

# 木姜叶柯

*Lithocarpus litseifolius* (Hance) Chun

叶

嫩叶

**别　　名**　甜茶

**系统发育**　蔷薇超目（Rosanae）壳斗目（Fagales）壳斗科（Fagaceae）柯属（*Lithocarpus*）；豆分支（Fabids）

## 鉴定辨别

乔木，高达 20 m；枝、叶无毛；叶纸质至近革质，椭圆形或倒卵状椭圆形，先端尾尖，基部楔形，全缘，两面同色或下面稍苍灰色；雄穗状花序多穗排成圆锥花序，少有单穗腋生；果序轴纤细；壳斗浅碟状或浅漏斗状，果球形或圆锥状，栗褐或红褐色，无毛，常被薄霜。与短尾柯［*Lithocarpus brevicaudatus* (Skan) Hayata］相比，木姜叶柯小苞片三角形，细小，被细片状蜡鳞。

## 植物地理

北温带和南温带间断分布；在我国广域分布，产于华东、华中、华南、西南和西北；印度、缅甸、老挝、越南也有分布。

## 功能性状

大叶，叶长 8 ～ 18 cm，宽 3 ～ 8 cm。

## 生物生态

中高位芽植物；种群密度为 2.60 株 /hm$^2$，偶见种。

## 组学数据

暂无。

## 资源类型

食用、材用。

# 青冈

## *Quercus glauca* Thunb.

**别　　名**　九棕、青冈栎

**系统发育**　蔷薇超目（Rosanae）壳斗目（Fagales）壳斗科（Fagaceae）栎属（*Quercus*）；豆分支（Fabids）

### 鉴定辨别

常绿乔木；小枝无毛；叶片革质，倒卵状椭圆形或长椭圆形，宽 1.8 ～ 4 cm，顶端渐尖或短尾状，基部圆形或宽楔形，叶缘中部以上有疏锯齿，叶背支脉明显，叶面无毛，叶背有整齐平伏白色单毛，老时渐脱落，常有白色鳞秕；果序着生果 2 ～ 3 个；壳斗碗形，被薄毛，坚果卵形、长卵形或椭圆形，无毛或被薄毛。本种与环青冈（*Quercus annulata* Sm.）的区别是，叶脉不凹陷。

### 植物地理

北温带和南温带间断分布；在我国广域分布，产于西北、华北、华东、华南、西南等地区。

### 功能性状

小叶或细叶，长 6 ～ 11 cm，宽 1.8 ～ 4 cm；花小，花冠长 4.60 mm；种子重量级 13 级，直径 9 ～ 14 mm，高 10 ～ 16 mm；叶氮含量Ⅵ级，较大，为 21.21 mg/g，叶磷含量Ⅲ级，小，为 0.63 mg/g；N/P 比为Ⅸ级，极大，为 33.67。

### 生物生态

中高位芽植物；种群密度为 200.94 株 /$hm^2$，常见种。

### 组学数据

基因组大小Ⅳ级，中，为 $1.07\times10^9$ bp。叶绿体基因组全长 160 798 bp，其中 LSC 区域为 90 229 bp，SSC 区域为 18 907 bp，IR 区域为 51 662 bp，GC 含量为 36.9%；含有 134 个基因，其中包括 40 个 tRNA、8 个 rRNA 基因和 86 个蛋白质编码基因（Yang et al., 2018）。

### 资源类型

材用、淀粉、食用、鞣料、观赏。

树干

花

叶背面

叶正面

果

# 小叶青冈

*Quercus myrsinifolia* Blume

**别　　名**　细叶青冈

**系统发育**　蔷薇超目（Rosanae）壳斗目（Fagales）壳斗科（Fagaceae）栎属（*Quercus*）；豆分支（Fabids）

## 鉴定辨别

常绿乔木；小枝无毛，被凸起淡褐色长圆形皮孔；叶卵状披针形或椭圆状披针形，顶端长渐尖或短尾状，基部楔形或近圆形，叶缘中部以上有细锯齿，侧脉常不达叶缘，叶背支脉不明显，叶背粉白色，干后为暗灰色，无毛；坚果卵形或椭圆形，柱座明显，有 5 ～ 6 条环纹，果脐平坦。本种与贵州青冈（*Quercus argyrotricha* A. Camus）的区别是，叶背面无毛。

## 植物地理

北温带和南温带间断分布；在我国广域分布，产区很广，如西北、华北、华东、华南、西南等地区。

## 功能性状

小叶或细叶，长 6 ～ 11 cm，宽 1.8 ～ 4 cm；花小，花冠长 5.4 mm；种子重量级 13 级，直径 10 ～ 15 mm，高 14 ～ 25 mm；叶氮含量Ⅲ级，小，为 11.73 mg/g；叶磷含量Ⅳ级，较小，为 0.89 mg/g；N/P 比Ⅳ级，较小，为 13.18。

## 生物生态

中高位芽植物；种群密度为 135.83 株 /$hm^2$，常见种。

## 组学数据

叶绿体基因组全长 160 803 bp，其中 LSC 区域为 90 223 bp，SSC 区域为 18 900 bp，IR 区域为 25 840 bp，GC 含量为 36.89%；含有 114 个基因，其中包括 30 个 tRNA、4 个 rRNA 基因和 80 个蛋白质编码基因（Li et al., 2019）。

## 资源类型

材用、鞣料、淀粉。

# 杨梅

## *Morella rubra* Lour.

**别　　名**　朱红、山杨梅

**系统发育**　蔷薇超目（Rosanae）壳斗目（Fagales）杨梅科（Myricaceae）杨梅属（*Morella*）；豆分支（Fabids）

### 鉴定辨别

常绿乔木，高可达 15 m 以上；树皮灰色，树冠圆球形；叶革质，无毛，楔状倒卵形，基部楔形，全缘或具少数锐锯齿；花雌雄异株，雄花序圆柱状，雌花序单生于叶腋；核果球状，外果皮肉质，成熟时深红色或紫红色；4 月开花，6—7 月果实成熟。与毛杨梅［*Morella esculenta* (Buch.-Ham. ex D. Don) I. M. Turner］相比，毛杨梅的花序显著分枝，而整个雌花序上常有数个雌花能发育成果实。

### 植物地理

世界广布；在我国广域分布，产于华东、华中、华南、西南。

### 功能性状

中叶，叶长 5 ～ 14 cm，宽 1 ～ 4 cm；花小，花瓣长 5 ～ 15 mm；种子重量级 13 级，百粒重为 33.99 g。

### 生物生态

中高位芽植物；种群密度为 0.73 株 /$hm^2$，稀有种。

### 组学数据

叶绿体基因组全长 159 568 bp，其中 LSC 区域为 88 809 bp，SSC 区域为 18 706 bp，IR 区域为 26 015 bp，GC 含量为 36.1%；含有 111 个基因，其中包括 30 个 tRNA 基因、4 个 rRNA 基因和 77 个蛋白质编码基因（Liu et al., 2017）。

### 资源类型

食用、观赏、药用。

# 黄杞
## *Engelhardia roxburghiana* Wall.

叶 芽 花 果 果

**别　　名**　黄榉、少叶黄杞

**系统发育**　蔷薇超目（Rosanae）壳斗目（Fagales）胡桃科（Juglandaceae）烟包树属（*Engelhardia*）；豆分支（Fabids）

### 鉴定辨别
小乔木，全体无毛；枝条灰白色，被有锈褐色或橙黄色的圆形腺体；偶数羽状复叶，小叶 1 ～ 2 对，对生或近对生或者明显互生，叶片椭圆形至长椭圆形，全缘，基部歪斜，顶端短渐尖或急尖，两面有光泽，幼时被稀疏腺体，侧脉稍呈弧状弯曲；果实球形，密被橙黄色腺体。本种与云南黄杞（*Engelhardia spicata* Lesch. ex Blume）的区别是，叶脉凹陷不明显。

### 植物地理
北温带和南温带间断分布；在我国区域分布，产于粤、闽、浙、赣、湘和桂。

### 功能性状
小叶或中叶，长 5 ～ 13 cm，宽 2.5 ～ 5 cm。

### 生物生态
中高位芽植物；种群密度为 553.44 株 /hm$^2$，常见种。

### 组学数据
叶绿体基因组全长 161 713 bp，其中 LSC 区域为 90 478 bp，SSC 区域为 19 203 bp，IR 区域为 26 010 bp，GC 含量为 35.9%；含有 112 个基因，其中包括 30 个 tRNA、4 个 rRNA 基因和 78 个蛋白质编码基因（Liu et al., 2021）。

### 资源类型
纤维、材用、鞣料。

# 亮叶桦

*Betula luminifera* H. J. P. Winkl.

**别　　名**　光皮桦

**系统发育**　蔷薇超目（Rosanae）壳斗目（Fagales）桦木科（Betulaceae）桦木属（*Betula*）；豆分支（Fabids）

## 鉴定辨别

乔木，高可达 20 m；枝条红褐色，无毛，有蜡质白粉；叶矩圆形至椭圆形或卵形，叶上面仅幼时密被短柔毛，下面密生树脂腺点；雄花序 2 ～ 5 枚簇生于小枝顶端或单生于小枝上部叶腋，序梗密生树脂腺体；小坚果倒卵形，背面疏被短柔毛，膜质翅宽为果的 1 ～ 2 倍。与西桦（*Betula alnoides* Buch.-Ham. ex D. Don）相比，西桦小枝密被树脂腺点，果序（2）3 ～ 5 枚排成总状。

## 植物地理

北温带分布；在我国广域分布，产于华北、华东、华中、华南、华西和西南。

## 功能性状

小叶或中叶，叶长 4.5 ～ 10 cm。

## 生物生态

中高位芽植物；种群密度为 15.83 株 /hm$^2$，常见种。

## 组学数据

暂无。

## 资源类型

材用、芳香、树脂。

树干

花序

叶

枝条

花序

果

# 赤楠

*Syzygium buxifolium* Hook. & Arn.

**别　　名**　鱼鳞木

**系统发育**　蔷薇超目（Rosanae）桃金娘目（Myrtales）桃金娘科（Myrtaceae）蒲桃属（*Syzygium*）；锦葵分支（Malvids）

## 鉴定辨别

灌木或小乔木；嫩枝有棱，干后黑褐色；叶片革质；阔椭圆形至椭圆形，有时阔倒卵形，长 1.5 ～ 3 cm，宽 1 ～ 2 cm，先端圆或钝，有时有钝尖头，基部阔楔形或钝，上面干后暗褐色，无光泽，下面稍浅色，有腺点；聚伞花序顶生，有花数朵；花瓣 4 片，分离；果实球形，直径 5 ～ 7 mm；花期在 6—8 月。与轮叶赤楠（*Syzygium buxifolium* var. *verticillatum* C. Chen）相比，赤楠叶对生。

## 植物地理

热带亚洲分布，少数在大洋洲和非洲分布；在我国区域分布，产于皖、浙、台、闽、赣、湘、粤、桂、黔等地。

## 功能性状

微叶或小叶，叶长 1.5 ～ 3 cm，宽 1 ～ 2 cm；花小，花径约 4 mm；种子大小暂无；叶氮含量Ⅱ级，很小，为 9.14 ～ 11.04 mg/g；叶磷含量Ⅰ级，很小，为 0.44 ～ 0.48 mg/g；N/P 比Ⅶ级，大，为 20.77 ～ 23.00。

## 生物生态

小高位芽植物；种群密度为 433.65 株 /$hm^2$，常见种。

## 组学数据

基因组大小Ⅲ级，小，为 $9.40\times10^8$ bp；染色体数目为 22。

## 资源类型

药用、观赏。

# 锐尖山香圆

*Turpinia arguta* (Lindl.) Seem.

**别　　名**　黄柿、尖树

**系统发育**　蔷薇超目（Rosanae）缨子木目（Crossosomatales）省沽油科（Staphyleaceae）山香圆属（*Turpinia*）；锦葵分支（Malvids）

## 鉴定辨别

落叶灌木，高 1 ～ 3 m；老枝灰褐色，幼枝具灰褐色斑点；单叶对生，厚纸质，椭圆形，边缘具疏锯齿，齿尖具硬腺体，侧脉平行；花长 8 ～ 10 mm，白色，无毛；果近球形，幼时绿色，干后黑色，表面粗糙，先端具小尖头；花盘宿存；有种子 2 ～ 3 颗。与绒毛锐尖山香圆（*Turpinia arguta* var. *pubescens* T. Z. Hsu）相比，绒毛锐尖山香圆叶革质，背面被绒毛，沿脉尤多，果较大。

## 植物地理

东亚（热带、亚热带）及热带南美间断分布；在我国区域分布，产于闽、赣、湘、粤、桂、黔、川。

## 功能性状

小叶、细叶或中叶，叶长 7 ～ 22 cm，宽 2 ～ 6 cm；花大，长 8 ～ 10 mm。

## 生物生态

矮高位芽植物；种群密度为 301.56 株 /hm$^2$，常见种。

## 组学数据

暂无。

## 资源类型

药用。

# 南酸枣

*Choerospondias axillaris* (Roxb.) B. L. Burtt & A. W. Hill

**别　名**　酸枣、醋酸树

**系统发育**　蔷薇超目（Rosanae）无患子目（Sapindales）漆树科（Anacardiaceae）南酸枣属（*Choerospondias*）；锦葵分支（Malvids）

## 鉴定辨别

高大落叶乔木；小枝无毛，具皮孔；奇数羽状复叶互生，小叶对生，窄长卵形或窄，先端长渐尖，基部宽楔形；花单性或性异株，雄花和假两性花组成圆锥花序，花瓣5片，长圆形；核果黄色，椭圆状球形，中果皮肉质浆状，果核顶端具5个小孔；种子无胚乳。与毛叶榄（*Canarium subulatum* Guillaumin）相比，南酸枣近边缘处弧曲，不形成边缘脉，果核近正方形。

## 植物地理

泛热带（热带广布）分布；在我国广域分布，产于华东、华南、西南、华中；印度、中南半岛和日本也有分布。

## 功能性状

中叶，叶长4～12 cm；花细小，花瓣长2.5～3 mm。

## 生物生态

中高位芽植物；种群密度为6.8株/$hm^2$，偶见种。

## 组学数据

暂无。

## 资源类型

材用、食用、纤维、药用。

# 野漆

*Toxicodendron succedaneum* (L.) Kuntze

**别　　名**　野漆树、洋漆树

**系统发育**　蔷薇超目（Rosanae）无患子目（Sapindales）漆树科（Anacardiaceae）漆树属（*Toxicodendron*）；锦葵分支（Malvids）

## 鉴定辨别

落叶乔木或小乔木；小枝粗壮；奇数羽状复叶互生，常集生小枝顶端，有小叶 4 ～ 7 对，小叶对生或近对生，坚纸质至薄革质，长圆状椭圆形、阔披针形或卵状披针形，全缘，两面无毛，叶背常具白粉；圆锥花序长 7 ～ 15 cm，为叶长之半，花黄绿色；核果大，偏斜，淡黄色，果核坚硬，压扁。与木蜡树［*Toxicodendron sylvestre* (Siebold & Zucc.) Kuntze］相比，野漆全株无毛，小叶薄革质。

## 植物地理

北温带和南温带间断分布；在我国广域分布，产于华东、华中、华南和华北。

## 功能性状

大叶，叶长 25 ～ 35 cm；花很小，花瓣长约 2 mm；种子重量级 10 级，百粒重为（4.16±0.09）g；叶氮含量Ⅶ级，大，为 26.76 mg/g；叶磷含量Ⅱ级，很小，为 0.52 mg/g；N/P 比Ⅸ级，极大，为 51.5。

## 生物生态

中高位芽植物；种群密度为 340.21 株 /hm$^2$，常见种。

## 组学数据

叶绿体基因组全长 159 710 bp，其中 LSC 区域为 87 622 bp，SSC 区域为 19 040 bp，IR 区域为 26 524 bp，GC 含量为 37.86%；含有 113 个基因，其中包括 29 个 tRNA 基因、4 个 rRNA 基因和 80 个蛋白质编码基因（Wang et al., 2020a）。

## 资源类型

材用、鞣料、药用。

# 紫果槭

*Acer cordatum* Pax

树干

叶

花

果

果

**别　　名**　紫槭、小紫槭

**系统发育**　蔷薇超目（Rosanae）无患子目（Sapindales）无患子科（Sapindaceae）槭属（*Acer*）；锦葵分支（Malvids）

## 鉴定辨别

常绿乔木，常高 7 m；树皮灰色或淡黑灰色，光滑；小枝细瘦，无毛；叶纸质或近乎革质，卵状长圆形稀卵形，叶柄紫色或淡紫色；花 3 ～ 5 朵，呈长 4 ～ 5 cm 的伞房花序；花瓣 5 片，阔倒卵形，雄蕊 8 枚；翅宽 1 cm，连同小坚果长 2 cm，张开成钝角或近乎水平。与亮叶槭（*Acer lucidum* F. P. Metcalf）相比，亮叶槭的叶厚革质；小坚果张开成锐角或近乎直立。

## 植物地理

泛热带（热带广布）分布；在我国广域分布，产于华东、华中、华南、华北和华西。

## 功能性状

小叶或中小叶，叶长 6 ～ 9 cm；花很小，花瓣长 2 mm。

## 生物生态

小高位芽植物或中高位芽植物；种群密度为 9.17 株 /$hm^2$，偶见种。

## 组学数据

暂无。

## 资源类型

材用、观赏。

# 茵芋

*Skimmia reevesiana* (Fortune) Fortune

**别　　名**　黄山桂、阿里山茵芋

**系统发育**　蔷薇超目（Rosanae）无患子目（Sapindales）芸香科（Rutaceae）茵芋属（*Skimmia*）；锦葵分支（Malvids）

## 鉴定辨别

灌木，高达 2 m；叶革质，具柑橘叶香气，集生枝上部，椭圆形、披针形、卵形或倒披针形，长 5 ～ 12 cm，先端短钝尖，基部宽楔形，上面中脉稍凸起，被柔毛，叶柄长 0.5 ～ 1 cm；花序轴及花梗均被毛；果球形、椭圆形或倒卵形，红色，具 2 ～ 4 个种子，种子具极小窝点。与臭常山（*Orixa japonica* Thunb.）相比，茵芋常绿，浆质核果，花序直立。

## 植物地理

泛热带（热带广布）分布；在我国广域分布，产于西北、东北、华南、西南；菲律宾也有分布。

## 功能性状

中叶，叶长 5 ～ 12 cm；花小，花冠面积 9 ～ 25 $mm^2$。

## 生物生态

矮高位芽植物；种群密度为 0.027 株 /$hm^2$，稀有种。

## 组学数据

叶绿体基因组全长 158 775 bp（Jin et al., 2021）。

## 资源类型

药用。

枝条

叶正面

叶背面

花

花

果

# 常山
*Dichroa febrifuga* Lour.

叶

花

果

果

**别　　名**　鸡骨常山

**系统发育**　菊超目（Asteranae）山茱萸目（Cornales）绣球花科（Hydrangeaceae）常山属（*Dichroa*）；菊分支（Asterids）

## 鉴定辨别
灌木；叶形状大小变异大，常椭圆形、倒卵形、椭圆状长圆形或披针形，先端渐尖，基部楔形，边缘具锯齿或粗齿；伞房状圆锥花序顶生，有时叶腋有侧生花序；花瓣长圆状椭圆形，稍肉质，花后反折。与大明常山（*Dichroa daimingshanensis* Y. C. Wu）相比，小枝、叶柄和叶脉均被皱卷短柔毛或无毛；伞房状圆锥花序。

## 植物地理
马来西亚半岛分布；在我国广域分布，产于华北、华东、华中、华南、西南和西北；印度、越南、缅甸、马来西亚、印度尼西亚、菲律宾和日本琉球群岛也有分布。

## 功能性状
小叶，叶长 6 ～ 25 cm，宽 2 ～ 10 cm。

## 生物生态
小高位芽植物；种群密度为 0.21 株 /hm$^2$，稀有种。

## 组学数据
叶绿体基因组全长为 157 647 bp，其中 LSC、SSC 和 IR 区域未标注，GC 含量为 37.9%；含有 129 个基因，其中包括 36 个 tRNA 基因、8 个 rRNA 基因和 85 个蛋白质编码基因（GenBank 登录号：MW928534.1）。

## 资源类型
材用，观赏。

# 蓝果树

*Nyssa sinensis* Oliver

**别　　名**　紫树、柅萨木

**系统发育**　蔷薇超目（Rosanae）山茱萸目（Cornales）蓝果树科（Nyssaceae）蓝果树属（*Nyssa*）；菊分支（Asterids）

## 鉴定辨别

落叶乔木，高达 20 m；树皮淡褐色或深灰色；叶纸质或薄革质，互生，椭圆形或长椭圆形，稀卵形或近披针形；花序伞形或短总状，花单性，雄花着生于叶已脱落的老枝上，裂片近全缘，花瓣鳞片状；核果矩圆状椭圆形或长倒卵圆形；种子外壳坚硬，骨质。与瑞丽蓝果树［*Nyssa shweliensis* (W.W.Sm.) Airy Shaw］相比，蓝果树小枝、叶柄和花梗幼时有紧贴的疏柔毛，渐老近无毛。

## 植物地理

东亚和北美间断分布；在我国广域分布，产于华东、华中、华南、西南。

## 功能性状

大叶，叶长 12 ～ 15 cm，宽 5 ～ 6 cm；花细小，花冠长 1.5 mm。

## 生物生态

中高位芽植物；种群密度为 6.15 株 /hm$^2$，偶见种。

## 组学数据

叶绿体基因组全长 156 567 bp，其中 LSC 区域为 86 089 bp，SSC 区域为 18 250 bp，IR 区域为 26 114 bp，GC 含量为 34.6%；含有 114 种基因，其中包括 31 种 tRNA 基因、4 种 rRNA 基因和 79 种蛋白质编码基因（Fu et al., 2017）。

## 资源类型

材用、食用、观赏。

枝条

叶

花

果

# 香港四照花

## *Cornus hongkongensis* Hemsl.

枝条 叶 花 花

**别　　名**　山荔枝、糖黄子树

**系统发育**　菊超目（Asteranae）山茱萸目（Cornales）山茱萸科（Cornaceae）山茱萸属（*Cornus*）；菊分支（Asterids）

### 鉴定辨别

常绿乔木或灌木；树皮深灰色或黑褐色；幼枝绿色，疏被褐色贴生短柔毛，老枝浅灰色或褐色，无毛，有多数皮孔；叶对生，薄革质至厚革质，椭圆形至长椭圆形，先端短渐尖形或短尾状，基部宽楔形或钝尖形；头状花序球形；果序球形，成熟时黄色或红色，总果梗绿色，近乎无毛。与秀丽四照花［*Cornus hongkongensis* subsp. *elegans* (W. P. Fang & Y. T. Hsieh) Q.Y. Xiang］相比，香港四照花叶柄细圆柱形；总苞片 4 片，白色；花瓣 4 片，长圆状椭圆形。

### 植物地理

北温带和南温带间断分布；在我国广域分布，产于华东、华中、华南、西南。

### 功能性状

中叶，叶长 6.2 ～ 13 cm；花小，花径为 10 mm。

### 生物生态

中高位芽植物或小高位芽植物；种群密度为 33 株 /$hm^2$，常见种。

### 组学数据

暂无。

### 资源类型

食用、材用。

# 尖叶川杨桐

*Adinandra bockiana* var. *acutifolia* (Hand.-Mazz.) Kobuski

**别　　名**　尖叶川黄瑞木、湖南杨桐

**系统发育**　菊超目（Asteranae）杜鹃花目（Ericales）五列木科（Pentaphylacaceae）杨桐属（*Adinandra*）；菊分支（Asterids）

## 鉴定辨别

灌木或小乔木；一年生新枝通常也疏被灰褐色平伏短柔毛或几无毛以及叶片下面初时也仅疏被平伏短柔毛，后变近无毛等。花期在 6—8 月，果期在 9—11 月。川杨桐（*Adinandra bockiana* Pritz. ex Diels）变种，本变种和原变种的主要区别仅在于顶芽被灰褐色平伏短柔毛。

## 植物地理

热带亚洲至热带非洲分布；在我国局域分布，产于赣、闽、湘、粤、桂。

## 功能性状

中叶，叶长 9 ～ 13 cm，宽 3 ～ 4 cm；花小，花瓣长 6 ～ 7 mm，宽 4 ～ 5 mm。

## 生物生态

小高位芽植物；种群密度为 2.60 株 /$hm^2$，偶见种。

## 组学数据

暂无。

## 资源类型

材用。

叶

花

果

# 大萼杨桐

*Adinandra glischroloma* var. *macrosepala* (F. P. Metcalf) Kobuski

枝条

叶正面

叶背面

花

果

果

**别　　名**　大萼黄瑞木

**系统发育**　菊超目（Asteranae）杜鹃花目（Ericales）五列木科（Pentaphylacaceae）杨桐属（*Adinandra*）；菊分支（Asterids）

## 鉴定辨别

灌木或小乔木。高 3 ～ 8 m，树皮灰褐色；小枝灰褐色。叶互生，革质，长圆状椭圆形或近乎圆形，边全缘，上面深绿色，无毛，下面黄绿色，密被锈褐色长刚毛。萼片通常长 11 ～ 14 mm，宽 8 ～ 10 mm；花瓣长 13 ～ 15 mm，宽 5 ～ 6 mm；雄蕊长 8 ～ 9 mm，花药长 4 ～ 4.5 mm。果实成熟时直径可达 13 mm。与两广杨桐（*Adinandra glischroloma* Hand.-Mazz.）的主要区别在于大萼杨桐的花、果较大。

## 植物地理

热带亚洲至热带非洲分布；在我国局域分布，产于赣、闽、浙、粤、桂。

## 功能性状

小叶，叶长 8 ～ 13 cm，宽 2.5 ～ 4.5 cm；中花，花瓣长 13 ～ 15 mm，宽 5 ～ 6 mm。

## 生物生态

小高位芽植物；种群密度为 0.63 株 /hm$^2$，稀有种。

## 组学数据

暂无。

## 资源类型

材用。

# 杨桐

*Adinandra millettii* (Hook. & Arn.) Benth. & Hook. f. ex Hance

**别　　名**　黄瑞木、毛药红淡

**系统发育**　菊超目（Asteranae）杜鹃花目（Ericales）五列木科（Pentaphylacaceae）杨桐属（*Adinandra*）；菊分支（Asterids）

## 鉴定辨别

灌木或小乔木；树皮灰褐色，枝圆筒形，小枝褐色，无毛；叶互生，革质，长圆状椭圆形，基部楔形，边全缘；萼片5片，卵状披针形或卵状三角形，顶端尖，边缘具纤毛和腺点，外面疏被平伏短柔毛或几无毛；花瓣5片，白色，卵状长圆形至长圆形，顶端尖，外面全无毛。与台湾杨桐（*Adinandra formosana* Hayata）相比，叶全缘；花梗长约2 cm，花丝无毛或仅上半部被毛。

## 植物地理

热带亚洲至热带非洲分布；在我国广域分布，产于华东、华南、华中。

## 功能性状

中叶，叶长4.5～9 cm，宽2～3 cm；花小，花瓣长约9 mm，宽4～5 mm；种子重量级9级，百粒重为（7.04±1.10）g。叶氮含量Ⅱ级，很小，为8.81 mg/g；叶磷含量Ⅱ级，很小，为0.49 mg/g；N/P比Ⅵ级，较小，为17.98。

## 生物生态

小高位芽植物；种群密度为80.93株/$hm^2$，常见种。

## 组学数据

基因组大小Ⅳ级，中，为$1.87\times10^9$ bp。

## 资源类型

材用。

叶正面

叶背面

芽

果

# 红淡比

## *Cleyera japonica* Thunb.

树干

叶

花

花

果

果

**别　　名**　茶条

**系统发育**　菊超目（Asteranae）杜鹃花目（Ericales）五列木科（Pentaphylacaceae）红淡比属（*Cleyera*）；菊分支（Asterids）

### 鉴定辨别

灌木或小乔木；树皮灰褐色或灰白色；嫩枝褐色，略具二棱，小枝灰褐色，圆柱形；叶革质，长圆形或长圆状椭圆形至椭圆形，全缘；花常常单生或 2 ～ 4 朵生于叶腋；果实圆球形，成熟时紫黑色；萼片卵圆形，质薄；种子扁圆形，成熟时为深褐色，有光泽。与厚叶红淡比（*Cleyera pachyphylla* Chun ex Hung T. Chang）相比，红淡比叶全缘，叶片较小，花萼卵圆形且质薄。

### 植物地理

北温带和南温带间断分布；在我国广域分布，产于华东、华中、华南和西南。

### 功能性状

小叶或中叶，叶长 6 ～ 9 cm，宽 2.5 ～ 3.5 cm；花很小，花长宽均为 2.5 mm；种子重量级 8 级，百粒重为（0.53±0.03）g。

### 生物生态

小高位芽植物；种群密度为 32.60 株 /hm$^2$，常见种。

### 组学数据

暂无。

### 资源类型

观赏。

# 短柱柃

*Eurya brevistyla* Kobuski

**别　　名**　过冬青、牛筋朗

**系统发育**　菊超目（Asteranae）杜鹃花目（Ericales）五列木科（Pentaphylacaceae）柃属（*Eurya*）；菊分支（Asterids）

## 鉴定辨别

灌木或小乔木，高 2 ～ 8 m；萼片有毛；树皮黑褐色，平滑；嫩枝灰褐色，具 2 棱，小枝灰褐色；叶革质，倒卵形，无毛，边缘有锯齿，上面深绿色，有光泽，下面淡黄绿色，中脉上凹下凸；花 1 ～ 3 朵腋生，花梗长约 1.5 mm，无毛；果实成熟蓝黑色；花期在 10—11 月，果期在次年 6—8 月。与格药柃（*Eurya muricata* Dunn）相比，格药柃嫩枝圆柱形，萼片革质，边缘无毛。

## 植物地理

泛热带分布；在我国广域分布，产于华东、华中、华南、西南、西北。

## 功能性状

小叶或细叶，叶长 5 ～ 9 cm，宽 2 ～ 3.5 cm；花小，花径 8.20 mm；种子重量级 3 级，单粒质量为 0.009 g；叶氮含量Ⅴ级，中等，为 19.56 mg/g；叶磷含量Ⅴ级，中等，为 1.12 mg/g；N/P 比Ⅴ级，中等，为 17.46。

## 生物生态

小高位芽植物；种群密度为 0.21 株 /hm$^2$，稀有种。

## 组学数据

暂无。

## 资源类型

芳香、油料。

枝条

# 微毛柃
## *Eurya hebeclados* Ling

叶

花

**别　　名**　昂头树、黄命树

**系统发育**　菊超目（Asteranae）杜鹃花目（Ericales）五列木科（Pentaphylacaceae）柃属（*Eurya*）；菊分支（Asterids）

### 鉴定辨别
灌木或小乔木，高 1.5 ～ 5 m；树皮灰褐色，嫩枝黄绿色，小枝灰褐色；叶革质，无毛，上面有光泽，中脉上凹下凸；花 4 ～ 7 朵簇生于叶腋；果实圆球形，成熟时蓝黑色；种子肾形，有棱，种皮深褐色，具细蜂窝状网纹；花期在 12 月至次年 1 月，果期在 8—10 月。与黑柃（*Eurya macartneyi* Champion）相比，黑柃的叶片干后下面常呈红褐色，萼片革质，无毛。

### 植物地理
泛热带分布；在我国广域分布，产于华东、华中、华南、西南。

### 功能性状
小叶或细叶，叶长 4 ～ 9 cm，宽 1.5 ～ 3.5 cm；花细小，花瓣长约 2.5 mm；种子大小暂无；叶氮含量Ⅲ级，小，为 11.57 mg/g；叶磷含量Ⅵ级，较大，为 1.38 mg/g；N/P 比Ⅰ级，极小，为 8.38。

### 生物生态
小高位芽植物；种群密度为 12.5 株 /hm$^2$，常见种。

### 组学数据
暂无。

### 资源类型
芳香。

# 格药柃
## *Eurya muricata* Dunn

**别　　名**　硬壳柴、刺柃

**系统发育**　菊超目（Asteranae）杜鹃花目（Ericales）五列木科（Pentaphylacaceae）柃属（*Eurya*）；菊分支（Asterids）

### 鉴定辨别

灌木或小乔木，高 2 ～ 6 m；树皮黑褐色，平滑；嫩枝黄绿色，小枝灰褐色；叶革质，无毛，上面有光泽，中脉上凹下凸；花簇生叶腋，花瓣 5 片，白色，卵状披针形；果实成熟紫黑色；种子肾圆形，红褐色，有光泽，具密网纹；花期在9—11月，果期在次年6—8月。与细齿叶柃（*Eurya nitida* Korth.）的区别是，格药柃花药具分隔，嫩枝圆柱形，细齿叶柃花药不具分隔，嫩枝具2条棱。

### 植物地理

泛热带分布；在我国广域分布，产于华东、华中、西南。

### 功能性状

小叶或细叶，叶长 5.5 ～ 11.5 cm，宽 2 ～ 4.3 cm；花细小，花瓣长 4 ～ 5 mm；叶氮含量Ⅲ级，小，为 10.56 mg/g；叶磷含量Ⅸ级，极大，为 2.43 mg/g；N/P 比Ⅰ级，极小，为 4.35。

### 生物生态

小高位芽植物；种群密度为 4.58 株 /hm$^2$，偶见种。

### 组学数据

暂无。

### 资源类型

鞣料、芳香。

# 细齿叶柃
*Eurya nitida* Korth.

**别　　名**　黄背叶柃

**系统发育**　菊超目（Asteranae）杜鹃花目（Ericales）五列木科（Pentaphylacaceae）柃属（*Eurya*）；菊分支（Asterids）

## 鉴定辨别
灌木或小乔木，高 2 ～ 5 m；树皮灰褐色，平滑；嫩枝具 2 条棱，黄绿色，小枝灰褐色；叶薄革质，无毛，上面深绿色，有光泽，下面淡绿色，中脉上凹下凸；花 1 ～ 4 朵簇生于叶腋；果实成熟蓝黑色；种子肾形，亮褐色，具细蜂窝状网纹；花期在 11 月至次年 1 月，果期在次年 7—9 月。与米碎花（*Eurya chinensis* R. Brown in C. Abel）相比，米碎花嫩枝和顶芽被毛，叶倒卵形或倒卵状椭圆形。

## 植物地理
泛热带分布；在我国广域分布，产于华东、华中、华南、西南。

## 功能性状
小叶，叶长 4 ～ 6 cm，宽 1.5 ～ 2.5 cm；花细小，花瓣长 2 ～ 2.5 mm；种子重量级 1 级，单粒质量为 0.003 g；叶氮含量Ⅲ级，小，为 10.61 mg/g；叶磷含量Ⅴ级，中等，为 1.29 mg/g；N/P 比Ⅰ级，极小，为 8.22。

## 生物生态
小高位芽植物；种群密度为 277.08 株 /$hm^2$，常见种。

## 组学数据
基因组大小Ⅲ级，小，为 $8.22\times10^8$ bp；染色体数目为 58 对。

## 资源类型
芳香、色素。

# 窄基红褐柃

*Eurya rubiginosa* var. *attenuata* Hung T. Chang

**别　　名**　红褐柃、硬叶柃

**系统发育**　菊超目（Asteranae）杜鹃花目（Ericales）五列木科（Pentaphylacaceae）柃属（*Eurya*）；菊分支（Asterids）

## 鉴定辨别

灌木，高 2.5 ～ 3.5 m；全株除萼片外均无毛；叶片较窄，侧脉斜出，基部楔形，有显著叶柄以及萼片无毛；花柱有时几分离等；花期在 10—11 月，果期在次年 5—8 月。与红褐柃（*Eurya rubiginosa* Hung T. Chang）相比，红褐柃叶革质，卵状披针形，基部圆形，果期在次年 4—5 月。

## 植物地理

泛热带分布；在我国区域分布，产于苏、皖、浙、赣、闽、湘、粤、桂、云。

## 功能性状

花小，花径 4.80 mm；种子重量级 3 级，单粒质量为 0.005 g；叶氮含量Ⅱ级，很小，为 8.89 mg/g；叶磷含量Ⅷ级，很大，为 1.84 mg/g；N/P 比Ⅱ级，很小，为 4.83。

## 生物生态

小高位芽植物；种群密度为 69.79 株 /$hm^2$，常见种。

## 组学数据

基因组大小Ⅲ级，小，为 $9.71\times10^8$ bp；染色体数目为 58 对。

## 资源类型

暂无。

叶正面

叶背面

芽

花

果

# 厚皮香

*Ternstroemia gymnanthera* (Wight & Arn.) Bedd.

**别　　名**　珠木树、猪血柴

**系统发育**　菊超目（Asteranae）杜鹃花目（Ericales）五列木科（Pentaphylacaceae）厚皮香属（*Ternstroemia*）；菊分支（Asterids）

## 鉴定辨别

灌木或小乔木；全株无毛；嫩枝浅红褐色或灰褐色；叶革质或薄革质，于枝端呈假轮生状，椭圆形至长圆状倒卵形，边全缘，上半部疏生锯齿，中脉在上面稍凹下，在下面隆起；花两性或单性；果实圆球形；种子肾形。与亮叶厚皮香（*Ternstroemia nitida* Merr.）对比，果实圆球形，顶端圆；萼片卵圆形，顶端钝，两面无毛；叶片革质或稍厚，干后暗红色。

## 植物地理

泛热带广布；在我国广域分布，产于西南、华中、华南、华东。

## 功能性状

小叶，叶面积 1 675 $mm^2$；花中，花径长 10 ～ 14 mm；种子重量级 4 级，百粒重为（3.13±0.05）g；叶氮含量Ⅱ级，很小，为 9.45 mg/g；叶磷含量Ⅱ级，很小，为 0.37 mg/g；N/P 比Ⅷ级，很大，为 25.54。

## 生物生态

小高位芽植物；种群密度为 168.23 株 /$hm^2$，常见种。

## 组学数据

叶绿体基因组全长 157 753 bp，其中 LSC 区域为 87 225 bp，SSC 区域为 18 410 bp，IR 区域为 26 059 bp，GC 含量为 37.2%；含有 132 个基因，其中包括 37 个 tRNA 基因、8 个 rRNA 基因和 87 个蛋白质编码基因（Yu et al., 2017b）。

## 资源类型

材用、油脂、鞣料、观赏。

# 厚叶厚皮香

*Ternstroemia kwangtungensis* Merr.

**别　　名**　广东厚皮香、华南厚皮香

**系统发育**　菊超目（Asteranae）杜鹃花目（Ericales）五列木科（Pentaphylacaceae）厚皮香属（*Ternstroemia*）；菊分支（Asterids）

## 鉴定辨别

灌木或小乔木；全株无毛；树皮灰褐色或黑褐色；嫩枝粗壮，淡红褐色，小枝灰褐色；叶互生，革质肥厚，椭圆状卵圆形，边全缘，上面深绿色有光泽，下面密被红褐色或褐色腺点，中脉在下面明显隆起；花杂性，单朵生于叶腋；果实扁球形。与小叶厚皮香（*Ternstroemia microphylla* Merr.）对比，叶下面有暗红色腺点，叶片肥厚；果扁球形。

## 植物地理

泛热带广布；在我国局域分布，产于赣、闽、粤、桂、港。

## 功能性状

中叶，叶长 5 ～ 13 cm；花中，花瓣长约 10 mm。

## 生物生态

小高位芽植物；种群密度为 2.5 株 /hm$^2$，偶见种。

## 组学数据

暂无。

## 资源类型

观赏。

枝条　叶　叶　花　果

# 山柿
*Diospyros japonica* Siebold & Zuccarini

**别　　名**　粉叶柿

**系统发育**　菊超目（Asteranae）杜鹃花目（Ericales）柿科（Ebenaceae）柿属（*Diospyros*）；菊分支（Asterids）

## 鉴定辨别
落叶乔木；树皮灰黑色或灰褐色，枝深褐色或黑褐色，纵裂的唇形小皮孔；叶革质，椭圆形到披针形，中脉上面凹下，下面明显凸起；花雌雄异株，雄花集成聚伞花序，雌花单生或 2 ～ 3 朵腋生，近无花梗；果球形或扁球形。与延平柿（*Diospyros tsangii* Merr.）对比，山柿果平滑无毛，叶宽椭圆形，较大；而延平柿果嫩时密被伏柔毛，成熟时无毛，叶长圆形，较小。

## 植物地理
泛热带广布；在我国区域分布，产于赣、闽、浙、苏、皖。

## 功能性状
中叶，叶长 7.5 ～ 17.5 cm；花很小，花瓣长约 1.5 mm。

## 生物生态
中高位芽植物；种群密度为 0.2 株 /hm$^2$，稀有种。

## 组学数据
叶绿体基因组全长 157 593 bp，其中 LSC 区域为 86 965 bp，SSC 区域为 18 407 bp，IR 区域为 26 119 bp，GC 含量为 37.4%；含有 133 个基因，其中包括 38 个 tRNA 基因、8 个 rRNA 基因和 87 个蛋白质编码基因（Fu et al., 2016）。

## 资源类型
药用、材用、鞣料、食用。

# 野柿

*Diospyros kaki* var. *silvestris* Makino

**别　　名**　油柿、山柿

**系统发育**　菊超目（Asteranae）杜鹃花目（Ericales）柿科（Ebenaceae）柿属（*Diospyros*）；菊分支（Asterids）

## 鉴定辨别

落叶乔木，高达 20 m；叶纸质卵状椭圆形，新叶疏生柔毛，侧脉 5 ～ 7 对；花雌雄异株，黄白色；果实球形、卵形等，老熟时果肉橙红色且柔软多汁；宿存萼厚革质或干时近木质；花期在 5—6 月，果期在 9—10 月。本变种是山野自生柿树，小枝及叶柄常密被黄褐色柔毛，较栽培柿树（*Diospyros kaki* Thunb.）的叶、花小，叶片下面毛较多，果亦较小，直径 2 ～ 5 cm。

## 植物地理

泛热带（热带广布）分布；在我国广域分布，产于华东、华中、华南、西南和西北；中国特有种。

## 功能性状

中叶或大叶，叶长 5 ～ 18 cm，宽 2.8 ～ 9 cm；花细小或小，长 5 ～ 10 mm；种子重量级 14 级，百粒重为（27.8±1.98）g；叶氮含量Ⅳ级，大，为 26.03 mg/g；叶磷含量Ⅳ级，小，为 1.05 mg/g；N/P 比Ⅷ级，很大，为 24.79。

## 生物生态

中高位芽植物；种群密度为 2.60 株 /hm$^2$，偶见种。

## 组学数据

叶绿体基因组全长 157 784 bp，其中 LSC 区域为 87 059 bp，SSC 区域为 18 505 bp，IR 区域为 26 110 bp；含有 115 个基因，其中包括 31 个 tRNA 基因、4 个 rRNA 基因和 80 个蛋白质编码基因（Fu et al., 2016）。

## 资源类型

食用、材用。

树干

叶

花

果

# 君迁子

*Diospyros lotus* L.

叶正面

叶背面

果

**别　　名**　牛奶柿、黑枣

**系统发育**　菊超目（Asteranae）杜鹃花目（Ericales）柿科（Ebenaceae）柿属（*Diospyros*）；菊分支（Asterids）

## 鉴定辨别

高大落叶乔木，高 30 m；小枝褐棕色；叶近膜质，椭圆形，渐尖或尖，初被柔毛，侧脉 7 ～ 10 对，叶柄长 0.7 ～ 1.5 cm；花冠 4 裂，雄花腋生、单生或簇生，子房退化，雌花单生，退化雄蕊 8 枚，花柱 4 枚；果近球形，初熟黄色，成熟蓝黑色；种子长圆形，褐色，侧扁；花期在 5—6 月，果期在 10—11 月。与罗浮柿（*Diospyros morrisiana* Hance）的区别是，君迁子叶背有柔毛，而罗浮柿叶两面无毛。

## 植物地理

泛热带（热带广布）分布；在我国广域分布，产于华东、华中、华南、华北、西南和西北。

## 功能性状

中叶或大叶，叶长 5 ～ 13 cm，宽 2.5 ～ 6 cm；花细小，花冠长约 6 mm。

## 生物生态

大高位芽植物；种群密度为 1.04 株 /hm$^2$，偶见种。

## 组学数据

叶绿体基因组全长 157 590 bp，其中 LSC 区域为 86 948 bp，SSC 区域为 18 411 bp，IR 区域为 26 119 bp；含有 115 个基因，其中包括 31 个 tRNA 基因、4 个 rRNA 基因和 80 个蛋白质编码基因（Fu et al., 2016）。

## 资源类型

药用、材用。

# 罗浮柿

*Diospyros morrisiana* Hance

**别　　名**　山红柿

**系统发育**　菊超目（Asteranae）杜鹃花目（Ericales）柿科（Ebenaceae）柿属（*Diospyros*）；菊分支（Asterids）

## 鉴定辨别

常绿乔木或小乔木，高 20 m；嫩枝和冬芽疏被短柔毛；叶薄革质，长椭圆形，短渐尖或钝，侧脉 4 ～ 6 对，叶柄约 1 cm，先端有很狭的翅；雄花序短小，腋生，下弯，聚伞花序式，有锈色绒毛，雌花腋生，单生；果球形，黄色；种子近长圆形，栗色，侧扁；花期在 5—6 月，果期在 11 月。与君迁子（*Diospyros lotus* L.）相比，其为常绿乔木；叶薄革质，侧脉 4 ～ 6 对。

## 植物地理

泛热带（热带广布）分布；在我国广域分布，产于华东、华中、华南和西南。

## 功能性状

小叶或中叶，叶长 5 ～ 10 cm，宽 2.5 ～ 4 cm；花小，花冠长约 7 mm。

## 生物生态

中高位芽植物；种群密度为 13.96 株 /hm$^2$，常见种。

## 组学数据

暂无。

## 资源类型

药用、材用。

枝条

叶正面

果

叶背面

花

果

# 延平柿

*Diospyros tsangii* Merr.

叶

花

果

**别　　名**　油杯子、怀德柿

**系统发育**　菊超目（Asteranae）杜鹃花目（Ericales）柿科（Ebenaceae）柿属（*Diospyros*）；菊分支（Asterids）

## 鉴定辨别

落叶灌木或小乔木，高 7 m；嫩枝、冬芽和嫩叶被柔毛；叶纸质，长圆形短渐尖，侧脉 3 ～ 4 对；聚伞花序短小，生当年生枝下部，有花 1 朵，雌花单生叶腋；果扁球形，成熟时黄色，光亮无毛；种子长圆形，褐色，侧扁；宿存萼纸质至近革质；花期在2—5月，果期在8月。与罗浮柿（*Diospyros morrisiana* Hance）相比，其为灌木；叶纸质，侧脉 3 ～ 4 对；果实相对较大。

## 植物地理

泛热带（热带广布）分布；在我国区域分布，产于苏、闽、赣、湘、粤和桂。

## 功能性状

小叶或中叶，叶长 4 ～ 9 cm，宽 1.5 ～ 3 cm；花小，长 8 ～ 15 mm。

## 生物生态

小高位芽植物；种群密度为 69.29 株 /hm$^2$，常见种。

## 组学数据

暂无。

## 资源类型

药用、材用。

# 密齿酸藤子

*Embelia vestita* Roxb.

**别　　名**　网脉酸藤子

**系统发育**　菊超目（Asteranae）杜鹃花目（Ericales）报春花科（Primulaceae）酸藤子属（*Embelia*）；菊分支（Asterids）

## 鉴定辨别

攀援灌木；分枝多，枝条无毛，密布皮孔，幼时多少被微柔毛；叶片坚纸质，稀革质；长圆状卵形或卵形，稀宽披针形，两面无毛；总状花序，腋生，被微柔毛；花瓣分离，淡绿色或白色；果球形，蓝黑色或带红色，具腺点。与多花酸藤子（*Embelia floribunda* Wall.）相比，密齿酸藤子总状花序，基部无苞片；叶具齿，稀全缘。

## 植物地理

东半球热带和亚热带地区分布；在我国广域分布，产于华东、华中、华南、西南。

## 功能性状

小叶或细叶，叶长 5 ～ 10 cm，宽 2 ～ 4 cm。

## 生物生态

小高位芽植物；种群密度为 0.42 株 /hm$^2$，稀有种。

## 组学数据

暂无。

## 资源类型

药用。

叶正面

叶背面

花

果

# 密花树
*Myrsine seguinii* H. Lév.

**别　　名**　大明橘、打铁树

**系统发育**　菊超目（Asteranae）杜鹃花目（Ericales）报春花科（Primulaceae）铁仔属（*Myrsine*）；菊分支（Asterids）

## 鉴定辨别
大灌木或小乔木；叶片革质，长圆状倒披针形至倒披针形，叶面中脉下凹，侧脉不甚明显，背面中脉隆起；伞形花序或簇生，着生于具覆瓦状排列的苞片的小短枝上，小短枝腋生或生于无叶老枝叶痕上；花瓣白色或淡绿色，有时为紫红色；卵形或椭圆形，顶端急尖或钝，具腺点。与广西密花树［*Myrsine kwangsiensis* (E. Walker) Pipoly & C. Chen］相比，叶片长圆状倒披针形至倒披针形，长 17 cm 以下。

## 植物地理
热带亚洲至热带非洲；在我国广域分布，产于西南各省（市）至台湾。

## 功能性状
中叶，叶长 7 ～ 17 cm，宽 1.3 ～ 6 cm；花小，花长 3 ～ 4 mm；叶氮含量Ⅲ级，小，为 12.72 mg/g；叶磷含量Ⅰ级，极小，为 0.28 mg/g；N/P 比Ⅸ级，极大，为 63.29。

## 生物生态
小高位芽植物；种群密度为 24.58 株 /hm$^2$，常见种。

## 组学数据
暂无。

## 资源类型
材用，观赏。

# 尖连蕊茶

*Camellia cuspidata* (Kochs) H. J. Veitch Gard. Chron.

**别　　名**　尖叶山茶、细尖连蕊茶

**系统发育**　菊超目（Asteranae）杜鹃花目（Ericales）山茶科（Theaceae）山茶属（*Camellia*）；菊分支（Asterids）

## 鉴定辨别

灌木；嫩枝无毛；叶革质，卵状披针形或椭圆形，先端渐尖至尾状渐尖，基部楔形或略圆，下面浅绿色，无毛，侧脉在上面略下陷，在下面不明显，边缘密具细锯齿；花单独顶生，花萼杯状，萼片无毛，不等大，分离至基部，厚革质，阔卵形，先端略尖，薄膜质，花冠白色，无毛；蒴果圆球形。本种与厚柄连蕊茶（*Camellia crassipes* Sealy）的区别是，叶两面无毛。

## 植物地理

泛热带分布；在我国广域分布，产于华东、华南、西北。

## 功能性状

小叶，长 5 ～ 8 cm，宽 1.5 ～ 2.5 cm；花很小，花冠长 2 ～ 2.4 mm。

## 生物生态

小高位芽植物；种群密度为 537.19 株 /hm$^2$，常见种。

## 组学数据

叶绿体基因组全长 156 618 bp，其中 LSC、SSC 和 IR 区域未标注，GC 含量为 37.3%；含有 137 个基因，其中包括 40 个 tRNA 基因、8 个 rRNA 基因和 89 个蛋白质编码基因（Yang et al., 2013）。

## 资源类型

油脂、色素。

花

叶

花

果

# 毛柄连蕊茶

## *Camellia fraterna* Hance

**别　　名**　连蕊茶、毛花连蕊茶

**系统发育**　菊超目（Asteranae）杜鹃花目（Ericales）山茶科（Theaceae）山茶属（*Camellia*）；菊分支（Asterids）

### 鉴定辨别

灌木或小乔木；嫩枝密生柔毛或长丝毛；叶革质，椭圆形，先端渐尖而有钝尖头，基部阔楔形，下面初时有长毛，以后变秃，仅在中脉上有毛，侧脉在上下两面均不明显，边缘有钝锯齿，叶柄有柔毛；花常单生于枝顶，苞片阔卵形，被毛，萼杯状，卵形，花冠白色，花瓣外侧2片革质，有丝毛；蒴果圆球形。本种与柃叶连蕊茶（*Camellia euryoides* Lindl.）的区别是，侧脉明显。

### 植物地理

泛热带分布；在我国局域分布，产于浙、赣、苏、皖、闽。

### 功能性状

小叶或细叶，长4～8 cm，宽1.5～3.5 cm；花中，花冠长32.5 mm；种子重量级11级，直径15 mm；叶氮含量Ⅵ级，较大，为24.08 mg/g；叶磷含量Ⅴ级，中等，为1.21 mg/g；N/P比Ⅵ级，较大，为19.90。

### 生物生态

小矮高位芽植物；种群密度为32.4株/$hm^2$，常见种。

### 组学数据

基因组大小Ⅳ级，中，为$1.61\times10^9$ bp；染色体数目为90对。叶绿体基因组全长156 902 bp，其中LSC区域为86 583 bp，SSC区域为18 259 bp，IR区域为26 030 bp，GC含量为30.58%；含有132个基因，其中包括37个tRNA、8个rRNA和87个蛋白质编码基因（Yu et al., 2020）。

### 资源类型

油脂。

# 油茶

## *Camellia oleifera* Abel

**别　　名**　野油茶、山油茶

**系统发育**　菊超目（Asteranae）杜鹃花目（Ericales）山茶科（Theaceae）山茶属（*Camellia*）；菊分支（Asterids）

### 鉴定辨别

灌木或中乔木；嫩枝有粗毛；叶革质，椭圆形，长圆形或倒卵形，先端尖而有钝头，有时渐尖或钝，基部楔形，中脉有粗毛或柔毛，下面无毛或中脉有长毛，侧脉在上面能见，在下面不很明显，边缘有细锯齿，有时具钝齿，叶柄有粗毛；花顶生，近乎无柄，花瓣白色，倒卵形；蒴果球形或卵圆形。本种与茶梅（*Camellia sasanqua* Thunb.）的区别是，茶梅植株较矮，叶片较小，中脉无毛，而油茶植株较高，叶片较大，中脉有毛。

### 植物地理

泛热带分布；在我国广域分布，从长江流域到华南各地广泛栽培。

### 功能性状

小叶或细叶，长 5 ～ 7 cm，宽 2 ～ 4 cm；花中，花冠长 25 ～ 30 mm。

### 生物生态

小高位芽植物；种群密度为 1.25 株 /hm$^2$，偶见种。

### 组学数据

叶绿体基因组全长 156 995 bp，其中 LSC 区域为 86 649 bp，SSC 区域为 18 297 bp，IR 区域为 26 025 bp，GC 含量为 37.29%；含有 115 个基因，其中包括 30 个 tRNA 基因、4 个 rRNA 基因和 81 个蛋白质编码基因（Zhang et al., 2017）。

### 资源类型

药用、食用、油脂、鞣料、观赏。

叶　芽　花　果

# 小果核果茶
*Pyrenaria microcarpa* Keng

**别　　名**　无柄石笔木、狭叶石笔木

**系统发育**　菊超目（Asteranae）杜鹃花目（Ericales）山茶科（Theaceae）核果茶属（*Pyrenaria*）；菊分支（Asterids）

## 鉴定辨别
小乔木；叶薄革质，长圆形，先端尖锐，基部楔形，上面发亮，下面初时有稀疏微毛，侧脉 8～10 对，边缘有细锯齿，叶柄长 5～8 mm；花单生于枝顶叶腋，花柄长 3～4 mm，有毛；雄蕊长 7～9 mm，无毛；子房 3 室，有毛，每室有种子 2～3 个，中柱三角形，种子长 1 cm。与红皮糙果茶（*Camellia crapnelliana* Tutcher）相比，小果核果茶花瓣 5 片；蒴果近球形，3 片开裂。

## 植物地理
泛热带（热带广布）分布；在我国区域分布，产于皖、闽、粤、桂、黔、琼、赣、台、浙；日本、越南也有分布。

## 功能性状
中叶，叶长 9～12 cm；花小，花瓣长 1.5 cm。

## 生物生态
小高位芽植物；种群密度为 0.001 株 /hm$^2$，稀有种。

## 组学数据
叶绿体基因组全长 158 884 bp，其中 LSC 区域为 86 413 bp，SSC 区域为 18 318 bp，IR 区域为 25 882 bp，GC 含量为 35.4%；含有 132 个基因，其中包括 37 种 tRNA 基因、8 种 rRNA 基因和 87 个蛋白质编码基因（Xiang et al., 2017）。

## 资源类型
观赏、药用。

# 木荷

## *Schima superba* Gardner & Champ.

**别　　名**　荷树、荷木

**系统发育**　菊超目（Asteranae）杜鹃花目（Ericales）山茶科（Theaceae）木荷属（*Schima*）；菊分支（Asterids）

### 鉴定辨别

大乔木；嫩枝通常无毛；叶革质或薄革质，椭圆形，先端尖锐，有时略钝，基部楔形，下面无毛，侧脉在两面明显，边缘有钝齿；花生于枝顶叶腋，常多朵排成总状花序，白色，无毛，萼片半圆形，外面无毛，内面有绢毛，花瓣最外 1 片风帽状，边缘多少有毛；子房有毛；蒴果。本种与银木荷（*Schima argentea* E. Pritz.）的区别是，银木荷叶背面被银白色蜡层。

### 植物地理

泛热带分布；在我国区域分布，产于浙、闽、台、赣、湘、粤、琼、桂、黔。

### 功能性状

细叶或中叶，长 7 ～ 12 cm，宽 4 ～ 6.5 cm；花小，花冠长 10 ～ 15 mm。

### 生物生态

中高位芽植物；种群密度为 334.27 株 /hm$^2$，常见种。

### 组学数据

叶绿体基因组全长 157 205 bp，其中 LSC 区域为 87 161 bp，SSC 区域为 18 092 bp，IR 区域为 25 976 bp，GC 含量为 37.40%；含有 133 个基因，其中包括 37 个 tRNA 基因、8 个 rRNA 基因和 88 个蛋白质编码基因（Zhang et al., 2021b）。

### 资源类型

观赏、纤维。

枝条

花

果

果

# 薄叶山矾

*Symplocos anomala* Brand

**别　　名**　薄叶冬青、台湾山矾

**系统发育**　菊超目（Asteranae）杜鹃花目（Ericales）山矾科（Symplocaceae）山矾属（*Symplocos*）；菊分支（Asterids）

## 鉴定辨别

小乔木或灌木；顶芽、嫩枝被褐色柔毛，老枝常黑褐色；叶薄革质，狭椭圆形、椭圆形或卵形，先端渐尖，全缘或具锐锯齿，中脉和侧脉在叶面均凸起，侧脉 7 ～ 10 对；总状花序腋生，有时基部有 1 ～ 3 分枝；核果长圆形，褐色，有明显的纵棱；宿萼裂片直立或向内伏；花果期在 4—12 月，边开花边结果。与福建山矾（*Symplocos fukienensis* Y. Ling）相比，其叶脉隆起；总状花序。

## 植物地理

泛热带（热带广布）分布；在我国广域分布，产于华东、华中、华南、西南和西北。

## 功能性状

小叶或中叶，叶长 5 ～ 7（11）cm，宽 1.5 ～ 3 cm；花很小，花冠长 4 ～ 5 mm；叶氮含量Ⅳ级，较小，为 13.51 mg/g；叶磷含量Ⅱ级，很小，为 0.57 mg/g；N/P 比Ⅶ级，大，为 23.70。

## 生物生态

小高位芽植物；种群密度为 51.98 株 /hm$^2$，常见种。

## 组学数据

基因组大小Ⅳ级，中，为 1.32×10$^9$ bp；染色体数目为 22 对。

## 资源类型

材用、油脂。

# 密花山矾

*Symplocos congesta* Benth.

**别　　名**　蜜花山矾

**系统发育**　菊超目（Asteranae）杜鹃花目（Ericales）山矾科（Symplocaceae）山矾属（*Symplocos*）；菊分支（Asterids）

## 鉴定辨别

常绿乔木或灌木；幼枝、芽均被褐色皱曲的柔毛；叶片纸质，椭圆形或倒卵形，先端渐尖或急尖，通常全缘，中脉和侧脉在叶面均凹下，侧脉 5 ～ 10 对；团伞花序腋生；雄蕊约 50 枚；核果熟时紫蓝色多汁，圆柱形，顶端宿萼裂片直立；花期在 8—11 月，果期在次年 1—2 月。与光叶山矾（*Symplocos lancifolia* Siebold & Zucc.）相比，其叶明显大，叶柄长；为团伞花序；花期与果期分开。

## 植物地理

泛热带（热带广布）分布；在我国广域分布，产于华东、华中、华南和西南。

## 功能性状

中叶或大叶，叶长 8 ～ 10（17）cm，宽 2 ～ 6 cm；花小，花冠长 5 ～ 6 mm；叶氮含量III级，小，为 11.74 mg/g；叶磷含量 II 级，很小，为 0.46 mg/g；N/P 比VIII级，很大，为 25.52。

## 生物生态

小高位芽植物；种群密度为 130.63 株 /hm$^2$，常见种。

## 组学数据

暂无。

## 资源类型

药用。

# 福建山矾

*Symplocos fukienensis* Y. Ling

枝条

叶

果

别　　名

**系统发育**　菊超目（Asteranae）杜鹃花目（Ericales）山矾科（Symplocaceae）山矾属（*Symplocos*）；菊分支（Asterids）

## 鉴定辨别

小乔木，高约3 m；芽、嫩枝被卷曲柔毛；叶坚纸质，长圆形，先端急尖，全缘，稍背卷，侧脉7～8对，叶柄被锈色毛；团伞花序腋生或腋生于叶脱落后的叶痕上；花冠黄色，花盘环形；核果椭圆形；花期在6月，果期在8月。与薄叶山矾（*Symplocos anomala* Brand）相比，其叶为长圆形急尖，稍被卷，中脉在叶面凹下，团伞花序。

## 植物地理

泛热带（热带广布）分布；在我国局域分布，产于闽和粤。

## 功能性状

小叶或中叶，叶长7～10 cm，宽2.5～4 cm；花小，花冠长约4 mm。

## 生物生态

小高位芽植物；种群密度为22.60株/$hm^2$，常见种。

## 组学数据

暂无。

## 资源类型

暂无。

# 羊舌树

*Symplocos glauca* (Thunb.) Koidz.

**别　　名**　粉叶山矾、狗舌头叶

**系统发育**　菊超目（Asteranae）杜鹃花目（Ericales）山矾科（Symplocaceae）山矾属（*Symplocos*）；菊分支（Asterids）

## 鉴定辨别

乔木；芽、嫩枝、花序均密被褐色短绒毛，小枝褐色；叶常簇生于小枝上端，狭椭圆形或倒披针形，急尖或短渐尖，基部楔形，全缘，叶背通常苍白色，中脉在叶面凹下，侧脉和网脉在叶面凸起，侧脉 5 ～ 12 对；穗状花序；核果狭卵形，近顶端狭，宿萼裂片直立；花期在 4—8 月，果期在 8—10 月。与老鼠矢（*Symplocos stellaris* Brand）相比，其无中空髓心；叶常簇生于小枝上端。

## 植物地理

泛热带（热带广布）分布；在我国广域分布，产于华东、华中、华南和西南。

## 功能性状

小叶或中叶，叶长 6 ～ 15 cm，宽 2 ～ 4 cm；花小，花冠长 4 ～ 5 mm。

## 生物生态

中高位芽植物；种群密度为 5.94 株 /hm$^2$，偶见种。

## 组学数据

暂无。

## 资源类型

药用、材用。

# 光叶山矾

*Symplocos lancifolia* Siebold & Zucc.

**别　　名**　广西山矾、卵叶山矾

**系统发育**　菊超目（Asteranae）杜鹃花目（Ericales）山矾科（Symplocaceae）山矾属（*Symplocos*）；菊分支（Asterids）

## 鉴定辨别

小乔木；芽、嫩枝、嫩叶背面脉上、花序均被黄褐色柔毛；小枝细长，黑褐色无毛；叶纸质或近膜质，卵形至阔披针形，先端尾状渐尖，具稀疏浅钝锯齿，中脉在叶面平坦，侧脉 6 ～ 9 对；穗状花序；核果近球形，顶端宿萼裂片直立；花期在 3—11 月，果期在 6—12 月，边开花边结果。与福建山矾（*Symplocos fukienensis* Y. Ling）相比，其叶卵形至阔披针形，叶脉不下凹；穗状花序。

## 植物地理

泛热带（热带广布）分布；在我国广域分布，产于华东、华中、华南和西南。

## 功能性状

小叶或中叶，叶长 3 ～ 6（9）cm，宽 1.5 ～ 2.5（3.5）cm；花很小，花冠长 2.5 ～ 4 mm。

## 生物生态

小高位芽植物；种群密度为 50.73 株 /hm$^2$，常见种。

## 组学数据

暂无。

## 资源类型

食用、药用。

# 光亮山矾

*Symplocos lucida* (Thunb.) Siebold & Zucc.

**别　　名**　茶条果、厚叶山矾

**系统发育**　菊超目（Asteranae）杜鹃花目（Ericales）山矾科（Symplocaceae）山矾属（*Symplocos*）；菊分支（Asterids）

## 鉴定辨别

常绿小乔木；枝、叶均无毛，小枝粗壮，有棱；叶薄革质，长圆形或狭椭圆形，先端渐尖或长渐尖，边缘具尖锯齿，中脉在叶面凸起；穗状花序宿短呈团伞状，花冠长 3 ～ 4 mm，5 深裂，雄蕊 30 ～ 40 枚，花丝长短不一，子房 3 室；核果卵圆或椭圆形，宿萼裂片。与山矾（*Symplocos sumuntia* Buch.-Ham. ex D. Don）相比，其小枝有角棱；叶片大。

## 植物地理

泛热带（热带广布）分布；在我国广域分布，产于华东、华中、华南、西南和西北。

## 功能性状

中叶或大叶，叶长 7 ～ 13 cm，宽 2 ～ 5 cm；花很小，花冠长 3 ～ 4 mm。

## 生物生态

小高位芽植物；种群密度为 8.33 株 /hm$^2$，偶见种。

## 组学数据

基因组大小Ⅳ级，中，为 1.51×10$^9$ bp；染色体数目为 22 对。

## 资源类型

药用。

叶

芽

花

果

# 老鼠矢

*Symplocos stellaris* Brand

**别　　名**　老鼠屎

**系统发育**　菊超目（Asteranae）杜鹃花目（Ericales）山矾科（Symplocaceae）山矾属（*Symplocos*）；菊分支（Asterids）

## 鉴定辨别

常绿乔木；小枝粗，髓心中空，具横隔；芽、嫩枝、嫩叶柄、苞片和小苞片均被红褐色绒毛；叶厚革质，披针状椭圆形或狭长圆状椭圆形，通常全缘，中脉在叶面凹下，侧脉 9 ~ 15 对，叶柄有纵沟；团伞花序；花冠白色；核果狭卵状圆柱形，顶端宿萼裂片直立。与羊舌树［*Symplocos glauca* (Thunb.) Koidz.］相比，芽、嫩枝、嫩叶柄、苞片和小苞片均被红褐色绒毛。

## 植物地理

泛热带（热带广布）分布；在我国广域分布，产于华东、华中、华北、华南和西南。

## 功能性状

中叶或大叶，叶长 6 ~ 20 cm，宽 2 ~ 5 cm；花小，花冠长 7 ~ 8 mm；叶氮含量Ⅱ级，很小，为 8.00 mg/g；叶磷含量Ⅱ级，很小，为 0.59 mg/g；N/P 比Ⅳ级，较小，为 13.56。

## 生物生态

中高位芽植物；种群密度为 6.25 株 /hm$^2$，偶见种。

## 组学数据

暂无。

## 资源类型

材用，油脂。

# 山矾

*Symplocos sumuntia* Buch.-Ham. ex D. Don

**别　　名**　坛果山矾、总状山矾

**系统发育**　菊超目（Asteranae）杜鹃花目（Ericales）山矾科（Symplocaceae）山矾属（*Symplocos*）；菊分支（Asterids）

## 鉴定辨别

乔木；嫩枝褐色；叶薄革质，卵形、狭倒卵形、倒披针状椭圆形，尾状渐尖，边缘具浅锯齿或波状齿，有时近全缘，中脉在叶面凹下，侧脉和网脉在两面均凸起，侧脉 4 ～ 6 对；总状花序；花冠白色；核果卵状坛形，顶端宿萼裂片直立；花期在 2—3 月，果期在 6—7 月。与光叶山矾（*Symplocos lancifolia* Siebold & Zucc.）相比，其叶卵形（更圆），侧脉 4 ～ 6 对（更少），中脉下凹。

## 植物地理

泛热带（热带广布）分布；在我国广域分布，产于华东、华中、华南、西南和西北。

## 功能性状

小叶或中叶，叶长 3.5 ～ 8 cm，宽 1.5 ～ 3 cm；花小，花冠长 4 ～ 4.5 mm；叶氮含量Ⅲ级，小，为 12.51 mg/g；叶磷含量Ⅵ级，较大，为 1.37 mg/g；N/P 比Ⅲ级，小，为 9.13。

## 生物生态

小高位芽植物；种群密度为 32.60 株 /hm$^2$，常见种。

## 组学数据

暂无。

## 资源类型

药用。

叶正面　叶背面　果　花　果

# 微毛山矾
*Symplocos wikstroemiifolia* Hayata

枝条

**别　　名**　月桔叶灰木

**系统发育**　菊超目（Asteranae）杜鹃花目（Ericales）山矾科（Symplocaceae）山矾属（*Symplocos*）；菊分支（Asterids）

## 鉴定辨别
灌木或乔木；嫩枝、叶背和叶柄均被紧贴的细毛；叶纸质或薄革质，椭圆形、阔倒披针形或倒卵形，短渐尖、急尖或圆钝，基部狭楔形，下延至叶柄，全缘或不明显波状浅锯齿，侧脉 6 ～ 10 对；总状花序 1 ～ 2 cm，雄蕊 15 ～ 20 枚；核果卵圆形，顶端宿萼裂片直立，熟时黑色或黑紫色。与密花山矾（*Symplocos congesta* Benth.）相比，其雄蕊明显少，叶柄短，侧脉不在叶面下凹。

## 植物地理
泛热带（热带广布）分布；在我国区域分布，产于浙、闽、湘、粤、桂、琼、黔、滇和台。

## 功能性状
小叶或中叶，叶长 4 ～ 12 cm，宽 1.5 ～ 4 cm；花很小，花冠长约 3 mm。

## 生物生态
小高位芽植物；种群密度为 4.58 株 /hm$^2$，偶见种。

## 组学数据
暂无。

## 资源类型
药用、材用。

# 赤杨叶

*Alniphyllum fortunei* (Hemsl.) Makino

**别　　名**　白苍木、白花盏

**系统发育**　菊超目（Asteranae）杜鹃花目（Ericales）安息香科（Styracaceae）赤杨叶属（*Alniphyllum*）；菊分支（Asterids）

## 鉴定辨别

乔木；树干通直，树皮灰褐色，不开裂；叶干后纸质，椭圆形、宽椭圆形或倒卵状椭圆形，顶端急尖至渐尖，基部楔形，边缘具锯齿，两面疏生至密被褐色星状短柔毛或星状绒毛；总状花序或圆锥花序，花序梗和花梗均密被褐色或灰色星状短柔毛；花白色或粉红色，花萼杯状，外面密被灰黄色星状短柔毛。本种与滇赤杨叶（*Alniphyllum eberhardtii* Guill.）的区别是，具有白粉。

## 植物地理

东亚（热带、亚热带）及热带南美间断分布；在我国广域分布，产于华东、华南、西南。

## 功能性状

细叶或中叶，长 8 ～ 15 cm，宽 4 ～ 7 cm；花中，花冠长 32.6 mm；种子重量级 9 级，长 4 ～ 7 mm；叶氮含量Ⅴ级，中等，为 20.32 mg/g；叶磷含量Ⅳ级，较小，为 0.98 mg/g；N/P 比Ⅵ级，较大，为 20.73。

## 生物生态

中高位芽植物；种群密度为 123.54 株 /hm$^2$，常见种。

## 组学数据

叶绿体基因组全长 154 166 bp，其中 LSC 区域为 82 438 bp，SSC 区域为 18 367 bp，IR 区域为 26 658 bp，GC 含量为 37.1%；含有 137 个基因，其中包括 40 个 tRNA 基因、8 个 rRNA 基因和 89 个蛋白质编码基因（Lin et al., 2021）。

## 资源类型

材用。

枝条

花

果

嫩叶

花

果

# 陀螺果

*Melliodendron xylocarpum* Hand.-Mazz.

**别　　名**　鸦头梨、水冬瓜

**系统发育**　菊超目（Asteranae）杜鹃花目（Ericales）安息香科（Styracaceae）陀螺果属（*Melliodendron*）；菊分支（Asterids）

## 鉴定辨别

乔木；小枝红褐色；树皮灰褐色，有不规则条状裂纹；叶纸质，卵状披针形、椭圆形至长椭圆形，顶端钝渐尖或急尖，基部楔形或宽楔形，边缘有细锯齿；花白色；果实顶端短尖或凸尖，中部以下收狭，外面密被星状绒毛，有 5 ～ 10 棱或脊。与银钟花［*Perkinsiodendron macgregorii* (Chun) P. W. Fritsch］相比，陀螺果花单生或成对腋生，萼筒 5 浅裂，花冠 5 深裂；果略具肋而无翅，内果皮木质。

## 植物地理

东亚（热带、亚热带）及热带南美间断分布；在我国区域分布，产于滇、川、黔、桂、湘、粤、赣、闽；中国特有种。

## 功能性状

大叶或中叶，叶长 9.5 ～ 21 cm；花中或大，花冠面积 160 ～ 4 500 $mm^2$。

## 生物生态

中高位芽植物；种群密度为 9.4 株 /$hm^2$，偶见种。

## 组学数据

叶绿体基因组全长 157 165 bp，其中 LSC 区域为 90 193 bp，SSC 区域为 18 486 bp，IR 区域为 24 243 bp，GC 含量为 37.21%；含有 130 个基因，其中包括 37 个 tRNA 基因、8 种 rRNA 基因和 85 个蛋白质编码基因（Zhao et al., 2019）。

## 资源类型

材用、观赏。

# 小叶白辛树

*Pterostyrax corymbosus* Siebold & Zucc.

**别　　名**　伞花白辛树

**系统发育**　菊超目（Asteranae）杜鹃花目（Ericales）安息香科（Styracaceae）白辛树属（*Pterostyrax*）；菊分支（Asterids）

## 鉴定辨别

乔木；幼枝密被星状柔毛；叶纸质，倒卵形、宽倒卵形或椭圆形，先端渐尖或尾尖，基部楔形，具锐锯齿，老叶下面绿色，疏被星状柔毛，侧脉 7 ~ 9 对，叶柄长 1 ~ 2 cm；花白色，花冠基部稍合生，雄蕊较花冠稍长，花丝宽扁，膜质，中部以下联合成筒；果倒卵形，密被星状绒毛，具圆锥状喙。与安息香属（*Styrax* L.）相比，子房近下位，果具窄翅或棱。

## 植物地理

东亚（热带、亚热带）及热带南美间断分布；在我国区域分布，产于苏、浙、赣、湘、闽、粤；日本也有分布。

## 功能性状

大叶或中叶，叶长 6 ~ 14 cm；花小，花冠面积 35 $mm^2$；种子重量级 9 级，百粒重（2.86±0.31）g。

## 生物生态

中高位芽植物；种群密度为 0.001 株 /$hm^2$，稀有种。

## 组学数据

基因组大小Ⅲ级，小，为 $9.58\times10^8$ bp；染色体数目为 24 对。叶绿体基因组全长 158 890 bp，其中 LSC 区域为 85 662 bp，SSC 区域为 18 561 bp，IR 区域为 27 229 bp，GC 含量为 42.8%；含有 128 个基因，其中包括 38 个 tRNA 基因、8 个 rRNA 基因和 82 个蛋白质编码基因（GenBank 登录号：MT700473.1）。

## 资源类型

材用。

叶正面

芽

花

叶背面

花

果

# 赛山梅
*Styrax confusus* Hemsl.

枝条 叶 花 果

**别　　名**　白山龙、乌蚊子

**系统发育**　菊超目（Asteranae）杜鹃花目（Ericales）安息香科（Styracaceae）安息香属（*Styrax*）；菊分支（Asterids）

## 鉴定辨别
小乔木，高 2～8 m；树皮灰褐色，平滑；嫩枝扁圆柱形，紫红色；叶革质，椭圆形，边缘有细锯齿，叶脉有毛；花白色，长 1.3～2.2 cm；果实近球形；外面密被灰黄色星状绒毛，具皱纹；种子倒卵形，褐色，平滑或具深皱纹；花期在 4—6 月，果期在 9—11 月。与小叶赛山梅（*Styrax confusus* var. *microphyllus* Perkins）相比，小叶赛山梅叶狭长圆形，两面近无毛；花长 1.5 cm；花期在 9—10 月。

## 植物地理
东亚（热带、亚热带）及热带南美间断分布；在我国广域分布，产于华东、华中、华南、西南。

## 功能性状
小叶、细叶或中叶，叶长 4～14 cm，宽 2.5～7 cm；花小，花冠面积 3.6～8 $mm^2$。

## 生物生态
小高位芽植物；种群密度为 0.52 株 /$hm^2$，稀有种。

## 组学数据
暂无。

## 资源类型
油脂。

# 栓叶安息香

*Styrax suberifolius* Hook. & Arn.

**别　　名**　赤皮、狐狸公

**系统发育**　菊超目（Asteranae）杜鹃花目（Ericales）安息香科（Styracaceae）安息香属（*Styrax*）；菊分支（Asterids）

## 鉴定辨别

乔木，高 4 ～ 20 m；树皮红褐色，粗糙；叶互生，革质，椭圆形，近全缘，上面无毛，下面被黄褐色星状绒毛，中脉上凹下凸；花白色；果实密被灰色星状绒毛，成熟时从顶端向下 3 瓣开裂；种子褐色；花期在 3—5 月，果期在 9—11 月。与喙果安息香［*Styrax agrestis* (Lour.) G. Don］相比，喙果安息香叶纸质，基部楔形，叶两面干后常呈黄绿色。

## 植物地理

东亚（热带、亚热带）及热带南美间断分布；在我国广域分布，产于华东、华中、华南、西南。

## 功能性状

小叶、细叶或中叶，叶长 5 ～ 18 cm，宽 2 ～ 8 cm；花小，花冠面积 16 ～ 30 $mm^2$。

## 生物生态

中高位芽植物；种群密度为 1.15 株 /$hm^2$，偶见种。

## 组学数据

暂无。

## 资源类型

材用、药用。

叶正面　花　叶背面　花　果

# 刺毛杜鹃

*Rhododendron championiae* Hook.

**别　　名**　太平杜鹃

**系统发育**　菊超目（Asteranae）杜鹃花目（Ericales）杜鹃花科（Ericaceae）
杜鹃花属（*Rhododendron*）；菊分支（Asterids）

## 鉴定辨别

常绿灌木，高 2 ～ 5 m；叶厚纸质，长圆状披针形，上面深绿色，下面苍白色，密被刚毛和短柔毛；伞形花序生枝顶叶腋；花冠白色或淡红色，狭漏斗状，5 深裂；蒴果圆柱形，微弯曲，具 6 条纵沟；花期在 4—5 月，果期在 5—11 月。与弯蒴杜鹃（*Rhododendron henryi* Hance）相比，刺毛杜鹃的枝和叶两面均被刚毛和腺头刚毛；花萼形状变化大，5 深裂。

## 植物地理

世界广布；在我国区域分布，产于浙、赣、闽、湘、粤、桂。

## 功能性状

大叶，叶长达 17.5 cm，宽 2 ～ 5 cm；花大，花冠长 5 ～ 6 cm。

## 生物生态

小高位芽植物；种群密度为 1.77 株 /hm$^2$，偶见种。

## 组学数据

暂无。

## 资源类型

观赏。

# 丁香杜鹃

*Rhododendron farrerae* Sweet

**别　　名**　华丽杜鹃、满山红

**系统发育**　菊超目（Asteranae）杜鹃花目（Ericales）杜鹃花科（Ericaceae）杜鹃花属（*Rhododendron*）；菊分支（Asterids）

## 鉴定辨别

落叶灌木，高 1.5 ～ 3 m；叶近乎革质，常集生枝顶，卵形，具软角质的短尖头，边缘具开展的睫毛，中脉和侧脉在上面下凹，下面凸出；先花后叶，花冠辐状漏斗形，紫丁香色，雄蕊比花冠短，花柱弯曲；蒴果长圆柱形，密被锈色柔毛。与杜鹃（*Rhododendron simsii* Planch.）相比，丁香杜鹃是落叶灌木，花丁香紫色，而杜鹃为半常绿，花为鲜红色。

## 植物地理

世界广布；在我国广域分布，产于华东、华中、华南、西南。

## 功能性状

小叶，叶长 2 ～ 3 cm，宽 1 ～ 2 cm；花大，花径 3.8 ～ 5 cm。

## 生物生态

小高位芽植物；种群密度为 1.67 株 /hm$^2$，偶见种。

## 组学数据

暂无。

## 资源类型

观赏。

叶正面　花　花

叶背面　花　果

# 弯蒴杜鹃
*Rhododendron henryi* Hance

**别　　名**　罗浮杜鹃

**系统发育**　菊超目（Asteranae）杜鹃花目（Ericales）杜鹃花科（Ericaceae）杜鹃花属（*Rhododendron*）；菊分支（Asterids）

## 鉴定辨别
常绿灌木，高 3 ～ 5 m；叶革质，常集生枝顶，椭圆状卵形，先端短渐尖，基部楔形，中脉和侧脉在上面凹陷，下面凸出；伞形花序生枝顶叶腋，花冠淡紫色或粉红色，漏斗状钟形，雄蕊 10 枚，比花冠短，子房圆柱状，柱头盘状，褐色；蒴果圆柱形，具中肋。与鹿角杜鹃（*Rhododendron latoucheae* Franch.）相比，弯蒴杜鹃幼枝、叶柄及叶下面中脉被疏刚毛或腺头刚毛。

## 植物地理
世界广布；在我国区域分布，产于浙、闽、赣、湘、粤、桂、川、港。

## 功能性状
中叶，叶长 5.5 ～ 11 cm，宽 1.5 ～ 3 cm；花中等，花瓣长 4.5 ～ 5 cm。

## 生物生态
小高位芽植物；种群密度为 8.65 株 /hm$^2$，偶见种。

## 组学数据
暂无。

## 资源类型
观赏。

# 鹿角杜鹃

*Rhododendron latoucheae* Franch.

**别　　名**　岩杜鹃、光脚杜鹃

**系统发育**　菊超目（Asteranae）杜鹃花目（Ericales）杜鹃花科（Ericaceae）杜鹃花属（*Rhododendron*）；菊分支（Asterids）

## 鉴定辨别

常绿灌木或小乔木，高 2～3 m；叶集生枝顶，革质，卵状椭圆形，先端短渐尖，基部楔形，边缘反卷，下面凸出，两面无毛，叶柄无毛；花冠白色或带粉红色，5 深裂，雄蕊 10 枚，不等长，子房圆柱状，花柱无毛，柱头 5 裂；蒴果圆柱形，具纵肋，花柱宿存。与弯蒴杜鹃（*Rhododendron henryi* Hance）相比，弯蒴杜鹃幼枝、叶柄及叶下面中脉被疏刚毛或腺头刚毛。

## 植物地理

世界广布；在我国广域分布，产于华东、华中、华南、西南。

## 功能性状

小叶，叶长 5～8 cm，宽 2.5～5.5 cm；花中等，花冠长 3.5～4 cm。

## 生物生态

小高位芽植物；种群密度为 21.35 株 /hm$^2$，常见种。

## 组学数据

暂无。

## 资源类型

观赏、药用。

# 马银花

*Rhododendron ovatum* (Lindl.) Planch. ex Maxim.

叶

花

果

果

**别　　名**　马银杜鹃

**系统发育**　菊超目（Asteranae）杜鹃花目（Ericales）杜鹃花科（Ericaceae）杜鹃花属（*Rhododendron*）；菊分支（Asterids）

## 鉴定辨别

常绿灌木，高 2 ～ 4 m；叶革质，椭圆状卵形，具短尖头，基部圆形，叶柄具狭翅，被短柔毛；花单生枝顶叶腋；花冠淡紫色、紫色或粉红色，雄蕊 5 枚，稍比花冠短，子房卵球形，花柱伸出于花冠外；蒴果密被灰褐色短柔毛和疏腺体，且为增大而宿存的花萼所包围。与鹿角杜鹃（*Rhododendron latoucheae* Franch.）相比，马银花小枝被短柄腺体和短柔毛，叶片较小，具短尖头，而鹿角杜鹃小枝细长且无毛，叶片较大。

## 植物地理

世界广布；在我国广域分布，产于华东、华中、华南、西南。

## 功能性状

小叶，叶长 3.5 ～ 5 cm，宽 1.9 ～ 2.5 cm；花小，花瓣长 1.6 ～ 2.3 cm；种子重量级 6 级，百粒重为 0.03 g；叶氮含量Ⅳ级，较小，为 14.35 mg/g；叶磷含量Ⅱ级，很小，为 0.54 mg/g；N/P 比Ⅷ级，很大，为 26.57。

## 生物生态

小高位芽植物；种群密度为 96.77 株 /hm$^2$，常见种。

## 组学数据

暂无。

## 资源类型

观赏、药用。

# 溪畔杜鹃

## *Rhododendron rivulare* Hand.-Mazz.

**别　　名** 贵州杜鹃

**系统发育** 菊超目（Asteranae）杜鹃花目（Ericales）杜鹃花科（Ericaceae）杜鹃花属（*Rhododendron*）；菊分支（Asterids）

### 鉴定辨别

常绿灌木，高 1 ～ 3 m；叶纸质，卵状披针形，具短尖头，边缘全缘，叶脉在上面凹陷，下面凸出；伞形花序顶生，花冠漏斗形，紫红色，雄蕊 5 枚，伸出于花冠外，子房卵球形，褐色，密被红棕色刚毛；蒴果长卵球形，密被刚毛状长毛。与广东杜鹃［*Rhododendron rivulare* var. *kwangtungense* (Merr. & Chun) X. F. Jin & B. Y. Ding］相比，广东杜鹃的花萼裂片较小，具不明显的分裂，花冠管内面无毛，花丝无毛。

### 植物地理

世界广布；在我国广域分布，产于东北、华东、华中、华南、西南。

### 功能性状

小叶，叶长 5 ～ 9 cm，宽 1 ～ 4 cm；花中等，花冠长 2 ～ 3 cm。

### 生物生态

小高位芽植物；种群密度为 2.08 株 /$hm^2$，偶见种。

### 组学数据

暂无。

### 资源类型

观赏。

# 杜鹃

*Rhododendron simsii* Planch.

**别　　名**　山石榴、映山红

**系统发育**　菊超目（Asteranae）杜鹃花目（Ericales）杜鹃花科（Ericaceae）
杜鹃花属（*Rhododendron*）；菊分支（Asterids）

## 鉴定辨别

落叶灌木，高 2 m；叶革质，椭圆状卵形，先端短渐尖，基部楔形，具细齿，上面深绿色，下面淡白色，中脉在上面凹陷，下面凸出；花冠阔漏斗形，玫瑰色或鲜红色，雄蕊 10 枚，花丝线状，子房卵球形，10 室，花柱伸出花冠外；蒴果卵球形，花萼宿存。与皋月杜鹃［*Rhododendron indicum* (L.) Sweet］相比，皋月杜鹃的雄蕊为 5 枚；叶较小而狭窄，边缘具细圆齿。

## 植物地理

世界广布；在我国广域分布，产于东北、华东、华中、华南、西南、西北。

## 功能性状

小叶，叶长 1.5 ～ 5 cm，宽 0.5 ～ 3 cm；花中等，花冠长 3.5 ～ 4 cm；种子重量级 9 级，百粒重为 0.50 g；叶氮含量Ⅲ级，小，为 12.57 mg/g；叶磷含量Ⅱ级，很小，为 0.51 mg/g；N/P 比Ⅷ级，很大，为 24.65。

## 生物生态

小高位芽植物；种群密度为 0.83 株 /$hm^2$，稀有种。

## 组学数据

叶绿体基因组全长 152 214 bp，其中 LSC、SSC 和 IR 区域未标注，GC 含量为 35.7%；含有 111 个基因，其中包括 32 个 tRNA 基因、4 个 rRNA 基因和 75 个蛋白质编码基因（GenBank 登录号：MW030509.1）。

## 资源类型

药用、观赏。

# 南烛
## *Vaccinium bracteatum* Thunb.

**别　　名**　米饭花、苞越桔

**系统发育**　菊超目（Asteranae）杜鹃花目（Ericales）杜鹃花科（Ericaceae）越橘属（*Vaccinium*）；菊分支（Asterids）

### 鉴定辨别

常绿灌木或小乔木，高 2 ～ 6（9）m；分枝多，幼枝被短柔毛或无毛，老枝紫褐色，无毛；叶片薄革质，椭圆形、菱状椭圆形、披针状椭圆形至披针形；总状花序顶生和腋生，序轴密被短柔毛稀无毛；花冠白色，筒状，雄蕊内藏，花丝细长；浆果直径外面通常被短柔毛。与笃斯越橘（*Vaccinium uliginosum* L.）相比，笃斯越橘叶片纸质，浆果被白粉。

### 植物地理

北温带和南温带间断分布；在我国广域分布，产于华东、华中、华南、华北、东北、西南和西北。

### 功能性状

小叶或中叶，叶长 4 ～ 9 cm；花很小，花瓣长 5 ～ 7 mm；种子重量级 7 级，百粒重为（0.042±0.001）g。

### 生物生态

小高位芽植物；种群密度为 6.56 株 /hm$^2$，偶见种。

### 组学数据

叶绿体基因组全长为 174 404 bp，其中 LSC 区域为 106 565 bp，SSC 区域为 2 979 bp，IR 区域为 32 430 bp，GC 含量为 36.8%；含有 139 个基因，其中包括 38 个 tRNA 基因、8 个 rRNA 基因和 93 个蛋白质编码基因（Kim et al., 2020）。

### 资源类型

药用、食用、观赏。

枝条

叶

花序

果

# 江南越橘

*Vaccinium mandarinorum* Diels

**别　　名**　西南越橘、具苞江南越橘

**系统发育**　菊超目（Asteranae）杜鹃花目（Ericales）杜鹃花科（Ericaceae）越橘属（*Vaccinium*）；菊分支（Asterids）

## 鉴定辨别

常绿灌木或小乔木，高 1 ～ 4 m；幼枝通常无毛，有时被短柔毛，老枝紫褐色或灰褐色，无毛；叶片厚革质，卵形或长圆状披针形；总状花序腋生和生枝顶叶腋，序轴无毛或被短柔毛；花梗纤细，花冠白色，雄蕊内藏，花丝扁平，花柱内藏或微伸出花冠；浆果，熟时紫黑色，无毛。与南烛（*Vaccinium bracteatum* Thunb.）相比，南烛的浆果外面通常被短柔毛。

## 植物地理

东亚（热带、亚热带）及热带南美间断分布；在我国广域分布，产于华东、华中、华南、东北、西南和西北。

## 功能性状

小叶，叶长 3 ～ 9 cm；花很小，花瓣长 6 ～ 7 mm；种子重量级 8 级，百粒重为（2.33±0.14）g；叶氮含量Ⅵ级，较大，为 23.51 mg/g；叶磷含量Ⅲ级，小，为 0.62 mg/g；N/P 比Ⅸ级，很大，为 37.92。

## 生物生态

中高位芽植物或小高位芽植物；种群密度为 5.10 株 /$hm^2$，偶见种。

## 组学数据

基因组大小Ⅲ级，小，为 $9.72\times10^8$ bp；染色体数目为 24 对。

## 资源类型

药用、食用、观赏。

# 水团花

*Adina pilulifera* (Lam.) Franch. ex Drake

**别　　名**　水杨梅、北越水杨梅

**系统发育**　菊超目（Asteranae）龙胆目（Gentianales）茜草科（Rubiaceae）水团花属（*Adina*）；唇形分支（Lamiids）

## 鉴定辨别

常绿灌木或小乔木；叶对生，厚纸质，先端短尖或渐尖，基部楔形，上面无毛，下面无毛或被疏柔毛，托叶 2 裂，早落；花冠白色，窄漏斗状，头状花序腋生，花序轴单生，不分枝；蒴果楔形；种子长圆形，两端有窄翅。与鸡仔木［*Sinoadina racemosa* (Siebold & Zucc.) Ridsdale］相比，水团花头状花序单生，很少多达 7 个，排成圆锥状的复花序，腋生或顶生。

## 植物地理

世界广布；在我国广域分布，产于华东、华中、华南、西南。

## 功能性状

中叶，叶长 4 ～ 12 cm；花小，花径 4 ～ 6 mm。

## 生物生态

小高位芽植物；种群密度为 0.27 株 /$hm^2$，稀有种。

## 组学数据

叶绿体基因组全长 155 424 bp（Jin et al., 2021）。

## 资源类型

药用、材用。

叶

花

花

果

# 茜树

## *Aidia cochinchinensis* Lour.

**别　　名**　山黄皮、茜草树

**系统发育**　菊超目（Asteranae）龙胆目（Gentianales）茜草科（Rubiaceae）茜树属（*Aidia*）；唇形分支（Lamiids）

### 鉴定辨别

无刺灌木或乔木，高 2 ～ 15 m；枝无毛；叶革质或纸质，对生，椭圆状长圆形、长圆状披针形或狭椭圆形，长 6 ～ 21.5 cm，宽 1.5 ～ 8 cm，顶端渐尖至尾状渐尖，有时短尖，基部楔形，两面无毛，上面稍光亮；聚伞花序与叶对生或生于无叶的节上，多花，花冠黄色或白色，有时红色，外面无毛；浆果球形，无毛或有疏柔毛，紫黑色；种子多数。与尖萼茜树［*Aidia oxyodonta* (Drake) T. Yamaz.］相比，萼裂片三角形，长在 1.5 mm 以下；叶干时不为苍黄色或赤褐色。

### 植物地理

非洲热带地区、亚洲南部和东南部至大洋洲分布；在我国广域分布，产于华东、华中、华南、西南。

### 功能性状

小叶、细叶或中叶，叶长 6 ～ 21.5 cm，宽 1.5 ～ 8 cm。

### 生物生态

中高位芽植物或小高位芽植物；种群密度为 60.52 株 /hm$^2$，常见种。

### 组学数据

暂无。

### 资源类型

观赏。

# 狗骨柴

*Diplospora dubia* (Lindl.) Masam.

**别　　名**　观音茶、三萼木

**系统发育**　菊超目（Asteranae）龙胆目（Gentianales）茜草科（Rubiaceae）狗骨柴属（*Diplospora*）；唇形分支（Lamiids）

## 鉴定辨别

灌木或乔木；叶革质，少为厚纸质，卵状长圆形、长圆形、椭圆形或披针形，顶端短渐尖、骤然渐尖或短尖，尖端常钝，基部楔形或短尖、全缘而常稍背卷；花腋生密集成束或组成具总花梗、稠密的聚伞花序，花冠白色或黄色。与毛狗骨柴（*Diplospora fruticosa* Hemsl.）相比，叶通常革质，无毛，稍光亮，干时常呈黄绿色；侧脉在叶下面稍明显或稀凸起；叶柄无毛。

## 植物地理

热带亚洲至热带非洲分布；在我国广域分布，产于华东、华中、华南、西南；日本、越南也有分布。

## 功能性状

小叶，叶长 4 ～ 19.5 cm，宽 1.5 ～ 8 cm；叶氮含量Ⅴ级，中等，为 18.45 mg/g；叶磷含量Ⅱ级，很小，为 0.59 mg/g；N/P 比Ⅷ级，很大，为 31.27。

## 生物生态

小高位芽植物；种群密度为 48.65 株 /hm$^2$，常见种。

## 组学数据

暂无。

## 资源类型

材用、药用。

叶

花

果

芽

果

果

# 栀子

*Gardenia jasminoides* J. Ellis

**别　　名**　黄栀子、白蝉

**系统发育**　菊超目（Asteranae）龙胆目（Gentianales）茜草科（Rubiaceae）栀子属（*Gardenia*）；唇形分支（Lamiids）

## 鉴定辨别

灌木，高 0.3 ～ 3 m；叶对生，革质，稀为纸质，少为 3 枚轮生，叶形为长圆状披针形、倒卵状长圆形、倒卵形或椭圆形，两面常无毛，上面亮绿，下面色较暗；花芳香，通常单朵生于枝顶；果卵形、近球形、椭圆形或长圆形，黄色或橙红色；种子多数，扁，近圆形而稍有棱角。与海南栀子（*Gardenia hainanensis* Merr.）相比，栀子为灌木，萼裂片长 10 ～ 30 mm，果有翅状的纵棱 5 ～ 9 条。

## 植物地理

东半球的热带和亚热带地区分布；在我国广域分布，产于华东、华中、华南、西南、华北、西北。

## 功能性状

小叶、细叶、中叶或大叶，叶长 3 ～ 25 cm，宽 1.5 ～ 8 cm；花大，花径约 50 mm。

## 生物生态

小高位芽植物或矮高位芽植物；种群密度为 39.79 株 /$hm^2$，常见种。

## 组学数据

叶绿体基因组全长 155 247 bp，其中 LSC 区域为 85 414 bp，SSC 区域为 18 235 bp，IR 区域为 25 799 bp，GC 含量为 37.5%；含有 138 个基因，其中包括 40 个 tRNA 基因、8 个 rRNA 基因和 90 个蛋白质编码基因（Zhang et al., 2021a）。

## 资源类型

药用、食用、芳香、观赏、色素。

# 广东粗叶木

## *Lasianthus curtisii* King & Gamble

**别　　名**　柯氏鸡屎树

**系统发育**　菊超目（Asteranae）龙胆目（Gentianales）茜草科（Rubiaceae）粗叶木属（*Lasianthus*）；唇形分支（Lamiids）

### 鉴定辨别

灌木或小乔木；小枝稍粗壮，密被硬毛；叶纸质，长圆状披针形或长圆形，下面通常密被长柔毛或长硬毛，侧脉弧状上升，托叶小，长三角形；花无梗或具极短梗，簇生叶腋，花冠白色；核果近球形或卵形。与粗叶木［*Lasianthus chinensis* (Champ. ex Benth.) Benth.］对比，叶很少披针形，小枝、叶柄、托叶、花萼外面密被粗毛；而粗叶木小枝、叶柄、托叶、花萼外面密被短绒毛。

### 植物地理

世界广布；在我国区域分布，产于闽、台、粤、港、琼、桂。

### 功能性状

小叶，叶长 5 ～ 10 cm；花小，花径长 7 ～ 8 mm。

### 生物生态

矮高位芽植物；种群密度为 0.21 株 $/hm^2$，稀有种。

### 组学数据

暂无。

### 资源类型

暂无。

花

# 日本粗叶木

## *Lasianthus japonicus* Miq.

叶

花

花

果

**别　　名**　榄绿粗叶木、污毛粗叶木

**系统发育**　菊超目（Asteranae）龙胆目（Gentianales）茜草科（Rubiaceae）粗叶木属（*Lasianthus*）；唇形分支（Lamiids）

### 鉴定辨别

灌木；枝和小枝无毛或嫩部被柔毛；叶近革质或纸质，披针状长圆形，上面无毛或近无毛，小脉网状，罕近平行，叶柄被柔毛或近无毛，托叶小；花无梗，常 2 ～ 3 朵簇生在一腋生、很短的总梗上，花冠白色，管状漏斗形；核果球形。与台湾粗叶木（*Lasianthus formosensis* Matsum.）相比，其小枝无毛或被柔毛，叶脉小脉通常网状；而台湾粗叶木小枝被硬毛，毛通常很密，叶脉小脉通常近平行。

### 植物地理

世界广布；在我国广域分布，产于华东、华南、华中、西南。

### 功能性状

中叶，叶长 9 ～ 15 cm；花小，花径长 8 ～ 10 mm。

### 生物生态

矮高位芽植物；种群密度为 10.63 株 /$hm^2$，常见种。

### 组学数据

暂无。

### 资源类型

药用。

# 尖萼乌口树

*Tarenna acutisepala* F. C. How ex W. C. Chen

**别　　名**　无

**系统发育**　菊超目（Asteranae）龙胆目（Gentianales）茜草科（Rubiaceae）乌口树属（*Tarenna*）；唇形分支（Lamiids）

## 鉴定辨别

灌木，高 1 ～ 2.5 m；叶纸质或近革质，长圆形或披针形，少为长圆状椭圆形或近卵形，顶端渐尖或短尖；基部楔形、稍钝或短尖；伞房状的聚伞花序顶生，有花数至多朵，紧密；浆果近球形；种子 9 ～ 31 颗。与白花苦灯笼［*Tarenna mollissima* (Hook. & Arn.) B. L. Rob.］相比，尖萼乌口树叶上面无毛或仅中脉被短硬毛，侧脉 5 ～ 7 对；花萼裂片三角形，内面无毛；浆果成熟时无毛或近无毛。

## 植物地理

热带亚洲分布；在我国区域分布，产于苏、赣、闽、湘、粤、桂、川。

## 功能性状

小叶、细叶或中叶，叶长 4 ～ 19.5 cm，宽 1.5 ～ 5.6 cm。

## 生物生态

小高位芽植物或矮高位芽植物；种群密度为 40 株 /$hm^2$，常见种。

## 组学数据

暂无。

## 资源类型

观赏。

叶

花

果

# 白花苦灯笼

*Tarenna mollissima* (Hook. & Arn.) B. L. Rob.

叶正面

叶背面

花

果

**别　　名**　白青乌心

**系统发育**　菊超目（Asteranae）龙胆目（Gentianales）茜草科（Rubiaceae）乌口树属（*Tarenna*）；唇形分支（Lamiids）

## 鉴定辨别

灌木或小乔木，高 1 ～ 6 m；叶纸质，披针形、长圆状披针形或卵状椭圆形，顶端渐尖或长渐尖，基部楔尖、短尖或钝圆，干后变黑褐色；伞房状的聚伞花序顶生，多花；果近球形，黑色，有种子 7 ～ 30 颗。与尖萼乌口树（*Tarenna acutisepala* F. C. How ex W. C. Chen）相比，白花苦灯笼叶两面密被柔毛，侧脉 8 ～ 11 对；花萼裂片卵圆形或长圆形，内面密被柔毛；浆果成熟时被短柔毛。

## 植物地理

热带亚洲分布；在我国广域分布，产于华东、华中、华南、西南。

## 功能性状

小叶、细叶、中叶或大叶，叶长 4.5 ～ 25 cm，宽 1 ～ 10 cm。

## 生物生态

小高位芽植物或矮高位芽植物；种群密度为 40.63 株 /hm$^2$，常见种。

## 组学数据

暂无。

## 资源类型

药用。

# 牛屎果

*Chengiodendron matsumuranum* (Hayata) C. B. Shang, X. R. Wang, Yi F. Duan & Yong F. Li

**别　　名**　大果木樨、山拐木

**系统发育**　菊超目（Asteranae）唇形目（Lamiales）木樨科（Oleaceae）万钧木属（*Chengiodendron*）；唇形分支（Lamiids）

## 鉴定辨别

常绿灌木或乔木；树皮淡灰色，粗糙；小枝扁平，黄褐色或紫红褐色，无毛；叶片薄革质或厚纸质，倒披针形，叶柄无毛有浅沟；聚伞花序组成短小圆锥花序，生于叶腋；花冠淡绿白色或淡黄绿色，雄蕊着生于花冠管上部，柱头头状；果椭圆形，绿色，成熟时紫红色至黑色。与小叶万钧木［*Chengiodendron minor* (P. S. Green) C. B. Shang, X. R. Wang, Yi F. Duan & Yong F. Li］相比，牛屎果通常上半部有锯齿，叶柄较长。

## 植物地理

东亚和北美洲间断分布；在我国广域分布，产于华东、华中、华南和西南。

## 功能性状

细叶或中叶，长 8 ～ 14（19）cm，宽 2.5 ～ 4.5（6）cm；花很小，花冠长 3 ～ 4 mm；种子重量级 12 级，百粒重为（23.20±2.34）g。

## 生物生态

小高位芽植物；种群密度为 1.25 株 /hm$^2$，偶见种。

## 组学数据

暂无。

## 资源类型

芳香、观赏。

枝条

叶

花

果

# 扩展女贞

*Ligustrum expansum* Rehder

**别　　名**　粗壮女贞、虫蜡树、苦丁茶

**系统发育**　菊超目（Asteranae）唇形目（Lamiales）木樨科（Oleaceae）女贞属（*Ligustrum*）；唇形分支（Lamiids）

## 鉴定辨别

灌木或小乔木；树皮灰褐色；枝灰色或褐色，无毛，小枝圆柱形；叶片纸质，椭圆状披针形，基部宽楔形或近圆形，上面深绿色，下面淡绿色，侧脉 5 ～ 7 对，叶柄长 2 ～ 8 mm，上面具深而窄的沟；圆锥花序顶生，序轴及分枝轴稍扁或近圆柱形；果倒卵状长圆形或肾形，呈黑色。与华女贞（*Ligustrum lianum* P. S. Hsu）相比，扩展女贞果多少弯曲，叶上面无腺点。

## 植物地理

世界广布；在我国广域分布，产于华东、华中、华南、西南；印度、孟加拉国、缅甸、越南、柬埔寨等也有分布。

## 功能性状

中叶，叶长 4 ～ 11 cm；花很小，花冠面积 2.25 ～ 6.25 $mm^2$。

## 生物生态

中高位芽植物或小高位芽植物；种群密度为 1.4 株 /$hm^2$，偶见种。

## 组学数据

暂无。

## 资源类型

观赏、油脂、药用、食用、树脂。

# 宁波木樨

*Osmanthus cooperi* Hemsl.

**别　　名**　华东木犀、库氏木犀

**系统发育**　菊超目（Superasterids）唇形目（Lamiales）木樨科（Oleaceae）木樨属（*Osmanthus*）；唇形分支（Lamiids）

## 鉴定辨别

常绿小乔木或灌木，高 3 ～ 5 m；小枝灰白色，幼枝黄白色，具较多皮孔；叶片革质，椭圆形或倒卵形，腺点在两面呈针尖状突起；花序簇生于叶腋，每腋内有花 4 ～ 12 朵；花冠白色，长约 4 mm，雄蕊着生于花冠管下部，雌蕊长约 3 mm；果呈蓝黑色。与木樨［*Osmanthus fragrans* (Thunb.) Lour.］相比，木樨小枝灰褐色，腺点在叶两面连成小水泡状起。

## 植物地理

世界广布；在我国区域分布，产于苏、浙、皖、赣、鄂、湘和川。

## 功能性状

小叶或细叶，叶长（4）6 ～ 8（10）cm；花很小，花瓣长约 4 mm；种子重量级 9 级，百粒重为（5.63±0.18）g；叶氮含量Ⅳ级，较小，为 16.51 mg/g；叶磷含量Ⅲ级，小，为 0.65 mg/g；N/P 比Ⅷ级，很大，为 25.40。

## 生物生态

中高位芽植物；种群密度为 13.75 株 /$hm^2$，常见种。

## 组学数据

基因组大小Ⅲ级，小，为 $6.81\times10^8$ bp；染色体数目为 46 对。叶绿体基因组全长为 155 262 bp，其中 LSC 区域为 86 525 bp，SSC 区域为 17 367 bp，IR 区域为 25 685 bp，GC 含量为 37.8%；含有 125 个基因，其中包括 29 个 tRNA 基因、8 个 rRNA 基因和 88 个蛋白质编码基因（Wang et al., 2019b）。

## 资源类型

观赏、药用。

叶

芽

花

果

# 枇杷叶紫珠
*Callicarpa kochiana* Makino

**别　　名**　野枇杷、山枇杷

**系统发育**　菊超目（Asteranae）唇形目（Lamiales）唇形科（Lamiaceae）紫珠属（*Callicarpa*）；唇形分支（Lamiids）

## 鉴定辨别
灌木，高 1 ～ 4 m；小枝、叶柄与花序密生黄褐色分枝茸毛；叶片长椭圆形，边缘有锯齿，表面无毛，两面被黄色腺点；聚伞花序；花冠红色，花药卵圆形；果实圆球形，几全部包藏于宿存花萼内。与紫珠（*Callicarpa bodinieri* H. Lév.）相比，紫珠小枝、叶柄和花序均被粗糠状星状毛，叶片有短柔毛，背面灰棕色，密被星状柔毛，两面密生红色细粒状腺点。

## 植物地理
东亚（热带、亚热带）及热带南美间断分布；在我国区域分布，产于台、闽、粤、浙、赣、湘、豫；越南也有分布。

## 功能性状
中叶或大叶，叶长 12 ～ 22 cm，宽 4 ～ 8 cm；花细小，花长 1 mm。

## 生物生态
小高位芽植物；种群密度为 0.42 株 /hm$^2$，稀有种。

## 组学数据
叶绿体基因组全长 154 181 bp，其中 LSC、SSC 和 IR 区域未标注，GC 含量为 38.1%；含有 131 个基因，其中包括 36 个 tRNA 基因、8 个 rRNA 基因和 87 个蛋白质编码基因（GenBank 登录号：MZ424315.1）。

## 资源类型
药用、芳香。

# 大青

*Clerodendrum cyrtophyllum* Turcz.

**别　　名**　土地骨、淡婆

**系统发育**　菊超目（Asteranae）唇形目（Lamiales）唇形科（Lamiaceae）大青属（*Clerodendrum*）；唇形分支（Lamiids）

## 鉴定辨别

灌木或小乔木，高 1 ～ 10 m；幼枝被毛，枝黄褐色；叶片纸质，椭圆形，常全缘，背面常有腺点；聚伞花序生于枝顶或叶腋；花有橘香味，花冠白色，外面疏生细毛和腺点；果实球形，绿色，成熟时蓝紫色。与狗牙大青（*Clerodendrum ervatamioides* C. Y. Wu）相比，狗牙大青小枝略四棱形，老枝褐色，有皮孔；叶片近革质，密被腺点；核果近球形，绿色。

## 植物地理

东亚（热带、亚热带）及热带南美间断分布；在我国广域分布，产于华东、华中、华南、西南；朝鲜、越南、马来西亚也有分布。

## 功能性状

小叶或中叶或大叶，叶长 6 ～ 20 cm，宽 3 ～ 9 cm；花细小，花瓣长 3 ～ 4 mm；种子重量级 11 级，单粒质量为 0.07 g；叶氮含量Ⅲ级，小，为 12.64 mg/g；叶磷含量Ⅰ级，极小，为 0.28 mg/g；N/P 比Ⅸ级，极大，为 45.14。

## 生物生态

小高位芽植物；种群密度为 0.52 株 /hm$^2$，稀有种。

## 组学数据

叶绿体基因组全长 152 004 bp，其中 LSC 区域为 83 413 bp，SSC 区域为 17 325 bp，IR 区域为 25 633 bp，GC 含量为 38.1%；含有 131 个基因，其中包括 37 个 tRNA 基因、8 个 rRNA 基因和 86 个蛋白质编码基因（GenBank 登录号：MZ958825.1）。

## 资源类型

药用。

枝条　叶正面　叶背面　花　果

# 黄毛冬青

*Ilex dasyphylla* Merr.

枝条

叶正面

叶背面

芽

**别　　名**　金毛冬青、苦莲奴

**系统发育**　菊超目（Asteranae）冬青目（Aquifoliales）冬青科（Aquifoliaceae）冬青属（*Ilex*）；桔梗分支（Campanulids）

## 鉴定辨别

常绿灌木或乔木，高 2.5 ～ 9 m；小枝、叶柄、叶片、花梗及花萼均密被锈黄色瘤基短硬毛；叶片革质、绿色，卵形，全缘或中部以上具稀疏小齿，主脉凹陷；聚伞花序单生于叶腋，花红色；果球形，成熟时红色。与毛冬青（*Ilex pubescens* Hook. & Arn.）相比，黄毛冬青小枝、叶柄、叶片、花梗及花萼均密被锈黄色瘤基短硬毛；毛冬青叶片纸质或膜质。

## 植物地理

东亚（热带、亚热带）及热带南美间断分布；在我国局域分布，产于赣、闽、粤、桂。

## 功能性状

小叶或中叶，叶长（2）3 ～ 11 cm，宽 1 ～ 3.2 cm；花细小，花瓣长 3 mm。

## 生物生态

小高位芽植物；种群密度为 46.46 株 /hm$^2$，常见种。

## 组学数据

叶绿体基因组全长 158 009 bp，其中 LSC、SSC 和 IR 区域未标注，GC 含量为 37.6%；含有 132 个基因，其中包括 37 个 tRNA 基因、8 个 rRNA 基因和 87 个蛋白质编码基因（GenBank 登录号：MT764253.1）。

## 资源类型

药用。

# 显脉冬青
*Ilex editicostata* Hu & Tang

**别　　名**　凸脉冬青

**系统发育**　菊超目（Asteranae）冬青目（Aquifoliales）冬青科（Aquifoliaceae）冬青属（*Ilex*）；桔梗分支（Campanulids）

## 鉴定辨别

常绿灌木或乔木，高 6 m；当年生幼枝褐黑色、具纵棱，二三年枝棕灰色至黑色；叶片厚革质、无毛，披针形或长圆形，全缘，主脉在叶面明显隆起；花序簇生，花白色；果近球形，成熟后红色。与榕叶冬青（*Ilex ficoidea* Hemsl.）相比，显脉冬青或有灌木，叶全缘、厚革质、较大、无毛，主脉于叶面明显凸起，叶柄粗壮。

## 植物地理

东亚（热带、亚热带）及热带南美间断分布；在我国区域分布，产于浙、赣、鄂、粤、桂、川、黔。

## 功能性状

中叶或大叶，叶长 10 ～ 17 cm，宽 3 ～ 8.5 cm；花细小，花瓣长 3 mm。

## 生物生态

中高位芽植物；种群密度为 40.94 株 /hm$^2$，常见种。

## 组学数据

暂无。

## 资源类型

观赏。

枝条

叶正面

叶背面

果

# 厚叶冬青

*Ilex elmerrilliana* S. Y. Hu

枝条　叶背面　果
叶正面　花　果

**别　　名**　原叶冬青

**系统发育**　菊超目（Asteranae）冬青目（Aquifoliales）冬青科（Aquifoliaceae）冬青属（*Ilex*）；桔梗分支（Campanulids）

## 鉴定辨别

常绿灌木或小乔木，高 2 ～ 7 m；树皮灰褐色；二三年生枝有皮孔；叶片革质、绿色，椭圆形，全缘，主脉凹陷；花序簇生，花序由单花分枝簇生，花白色，花萼盘状，花冠辐状，花瓣长圆形；雌花花萼同雄花；果球形，成熟后红色。与尾叶冬青（*Ilex wilsonii* Loes.）相比，尾叶冬青树皮灰白色，小枝无皮孔，叶片主脉平坦。

## 植物地理

东亚（热带、亚热带）及热带南美间断分布；在我国广域分布，产于华东、华中、华南、西南。

## 功能性状

小叶或中叶，叶长 5 ～ 9 cm，宽 2 ～ 3.5 cm；花细小，花瓣长约 3.5 mm；叶氮含量Ⅳ级，较小，为 14.31 mg/g；叶磷含量Ⅰ级，极小，为 0.17 mg/g；N/P 比Ⅸ级，极大，为 84.18。

## 生物生态

小高位芽植物；种群密度为 75.52 株 /hm$^2$，常见种。

## 组学数据

暂无。

## 资源类型

药用。

# 榕叶冬青

*Ilex ficoidea* Hemsl.

**别　　名**　仿腊树、野香雪

**系统发育**　菊超目（Asteranae）冬青目（Aquifoliales）冬青科（Aquifoliaceae）冬青属（*Ilex*）；桔梗分支（Campanulids）

## 鉴定辨别

常绿乔木，高 8 ～ 12 m；幼枝具纵棱，无毛，二年生以上小枝褐色，平滑，无皮孔；叶片革质、绿色、无毛，椭圆形，边缘具细圆锯齿，齿尖黑色，主脉凹陷；聚伞花序簇生，花白色或淡黄绿色；果球形．成熟后红色。与凸脉冬青（*Ilex kobuskiana* S. Y. Hu）相比，凸脉冬青或有灌木，二三年枝具多而明显的皮孔，叶片全缘。

## 植物地理

东亚（热带、亚热带）及热带南美间断分布；在我国广域分布，产于华东、华中、华南、西南。

## 功能性状

小叶或中叶，叶长 4.5 ～ 10 cm，宽 1.5 ～ 3.5 cm；花细小，花瓣长约 3 mm；种子重量级 11 级，单粒质量为 0.04 g；叶氮含量Ⅵ级，较大，为 21.51 mg/g；叶磷含量Ⅰ级，极小，为 1.06 mg/g；N/P 比Ⅵ级，较大，为 20.29。

## 生物生态

中高位芽植物；种群密度为 66.25 株 /hm$^2$，常见种。

## 组学数据

叶绿体基因组全长 157 536 bp，其中 LSC、SSC 和 IR 区域未标注，GC 含量为 37.6%；含有 132 个基因，其中包括 37 个 tRNA 基因、8 个 rRNA 基因和 87 个蛋白质编码基因（GenBank 登录号：MT764243.1）。

## 资源类型

观赏、材用。

枝条

叶

花

果

# 福建冬青

*Ilex fukienensis* S. Y. Hu

花

果

**别　　名**　无

**系统发育**　菊超目（Asteranae）冬青目（Aquifoliales）冬青科（Aquifoliaceae）冬青属（*Ilex*）；桔梗分支（Campanulids）

## 鉴定辨别

常绿灌木，高 3～4 m；全株无毛；小枝灰色，具纵裂，皮孔无；叶片革质，卵形，全缘，主脉凹陷；花白色，雄花序由聚伞花序分枝组成，花萼盘状，花冠辐状，花瓣卵形；雌花序分枝簇生，花萼、花冠同雄花。果球形。本种的尾状渐尖叶和雄花序与疏齿冬青（*Ilex oligodonta* Merr. & Chun）相似，但后者小枝、花序被微柔毛，叶片较狭，且主脉在叶面隆起。

## 植物地理

东亚（热带、亚热带）及热带南美间断分布；在我国区域分布，产于闽。

## 功能性状

小叶或中叶，叶长 5～10 cm，宽 1.5～3.5 cm；花细小，花瓣长 2～2.5 mm。

## 生物生态

小高位芽植物；种群密度为 7.92 株 /$hm^2$，偶见种。

## 组学数据

暂无。

## 资源类型

观赏、药用。

# 大叶冬青

*Ilex latifolia* Thunb.

**别　　名**　苦丁茶

**系统发育**　菊超目（Asteranae）冬青目（Aquifoliales）冬青科（Aquifoliaceae）冬青属（*Ilex*）；桔梗分支（Campanulids）

## 鉴定辨别

常绿大乔木，高达 20 m；树皮灰黑色，具明显隆起、阔三角形或半圆形的叶痕；叶生于 1 ～ 3 年生枝上，叶片厚革质，长圆形，先端短渐尖，边缘具疏锯齿，侧脉 12 ～ 17 对，叶柄粗壮；聚伞花序生于二年生枝的叶腋内，花淡黄绿色，4 基数；果球形，成熟时红色；花期在 4 月，果期在 9—10 月。与大果冬青（*Ilex macrocarpa* Oliv.）相比，其叶长 20 cm 且厚革质，有显著差异。

## 植物地理

东亚（热带、亚热带）及热带南美间断分布；在我国广域分布，产于华东、华中、华南、西南和西北。

## 功能性状

大叶，叶长 8 ～ 19（28）cm，宽 4.5 ～ 7.5（9）cm；花细小，花瓣长约 3.5 mm；叶氮含量Ⅲ级，小，为 9.51 mg/g；叶磷含量Ⅲ级，小，为 0.70 mg/g；N/P 比Ⅳ级，较小，为 13.59。

## 生物生态

中高位芽植物；种群密度为 3.85 株 /$hm^2$，偶见种。

## 组学数据

基因组大小Ⅲ级，小，为 $7.34\times10^8$ bp；染色体数目为 40 对。叶绿体基因组全长 157 601 bp，其中 LSC 区域为 87 020 bp，SSC 区域为 18 427 bp，IR 区域为 26 077 bp，GC 含量为 37.6%；含有 143 个基因，其中包括 40 个 tRNA 基因、8 个 rRNA 基因和 95 个蛋白质编码基因（Shi et al., 2020）。

## 资源类型

材用、药用。

树干

叶正面

花

芽

叶背面

果

# 矮冬青

*Ilex lohfauensis* Merr.

**别　　名**　罗浮冬青

**系统发育**　菊超目（Asteranae）冬青目（Aquifoliales）冬青科（Aquifoliaceae）冬青属（*Ilex*）；桔梗分支（Campanulids）

## 鉴定辨别

常绿小乔木或灌木，高 2 ～ 6 m；小枝密被短柔毛，老枝几无皮孔；叶片薄革质或纸质、长圆形或椭圆形、全缘、稍反卷，叶面密被短柔毛；花序簇生，粉红色；果球形，成熟时红色。与铁冬青（*Ilex rotunda* Thunb.）相比，铁冬青树皮灰色至灰黑色，较老枝具纵裂，叶痕倒卵形，有皮孔。

## 植物地理

东亚（热带、亚热带）及热带南美间断分布；在我国区域分布，产于皖、浙、赣、闽、豫、粤、桂、黔及香港。

## 功能性状

小叶，叶长 1 ～ 2.5 cm，宽 0.5 ～ 1.2 cm；花小，花冠面积约 15.90 $mm^2$。

## 生物生态

小高位芽植物；种群密度为 10.94 株 /$hm^2$，常见种。

## 组学数据

暂无。

## 资源类型

观赏。

# 大果冬青

*Ilex macrocarpa* Oliv.

**别　　名**　臭树、臭樟树

**系统发育**　菊超目（Asteranae）冬青目（Aquifoliales）冬青科（Aquifoliaceae）冬青属（*Ilex*）；桔梗分支（Campanulids）

## 鉴定辨别

落叶乔木，高 15 m；小枝灰褐色，具长短枝，长枝皮孔圆形；叶在长枝上互生，短枝上 1～4 片簇生，叶纸质至坚纸质，卵形，渐尖，基部圆形，具细锯齿，侧脉 8～10 对；雄花序单生或簇生叶腋，花白色，5～6 基数，雌花单生；果球形，成熟黑色；花期在 4—5 月，果期在 10—11 月。与小果冬青（*Ilex micrococca* Maxim.）相比，其叶先端渐尖，叶柄短（1 cm）；果径大（1 cm）。

## 植物地理

东亚（热带、亚热带）及热带南美间断分布；在我国广域分布，产于华东、华中、华南、西南和西北。

## 功能性状

小叶、中叶或大叶，叶长 4～13（15）cm，宽（3）4～6 cm；花细小，花瓣长 3～5 mm；叶氮含量Ⅱ级，很小，为 7.50 mg/g；叶磷含量Ⅵ级，较大，为 1.33 mg/g；N/P 比Ⅱ级，很小，为 5.64。

## 生物生态

中高位芽植物；种群密度为 3.75 株 /hm$^2$，偶见种。

## 组学数据

暂无。

## 资源类型

药用。

# 小果冬青

*Ilex micrococca* Maxim.

枝条 花 花 果

**别　　名**　细果冬青、球果冬青

**系统发育**　菊超目（Asteranae）冬青目（Aquifoliales）冬青科（Aquifoliaceae）冬青属（*Ilex*）；桔梗分支（Campanulids）

## 鉴定辨别

落叶乔木，高 20 m；小枝无毛，具白色、圆形气孔；叶片膜质或纸质、绿色、无毛，卵形，边缘近全缘或具芒状锯齿，主脉微下凹；聚伞花序单生，无毛，花瓣长圆形；果实球形，成熟时红色。与大果冬青（*Ilex macrocarpa* Oliv.）相比，大果冬青叶片边缘具细锯齿，主脉在叶面平或下陷；果球形，成熟时黑色。

## 植物地理

东亚（热带、亚热带）及热带南美间断分布；在我国广域分布，产于华东、华中、华南、西南；日本、越南也有分布。

## 功能性状

中叶或大叶，叶长 7 ～ 13 cm，宽 3 ～ 5 cm；花细小，花瓣长 1.2 ～ 1.5 mm；种子重量级 10 级，单粒质量为 0.02 g；叶氮含量Ⅳ级，较小，为 13.56 mg/g；叶磷含量Ⅰ级，极小，为 1.04 mg/g；N/P 比Ⅳ级，较小，为 13.04。

## 生物生态

中高位芽植物；种群密度为 9.79 株 /$hm^2$，偶见种。

## 组学数据

基因组大小Ⅳ级，中，为 $1.49×10^9$ bp。叶绿体基因组全长 157 782 bp，其中 LSC 区域为 87 200 bp，SSC 区域为 18 434 bp，IR 区域为 26 074 bp，GC 含量为 37.6%；含有 134 个基因，其中包括 37 个 tRNA 基因、8 个 rRNA 基因和 89 个蛋白质编码基因（Su et al., 2020）。

## 资源类型

材用、观赏。

# 毛冬青

*Ilex pubescens* Hook. & Arn.

**别　　名**　茶叶冬青

**系统发育**　菊超目（Asteranae）冬青目（Aquifoliales）冬青科（Aquifoliaceae）冬青属（*Ilex*）；桔梗分支（Campanulids）

## 鉴定辨别

常绿灌木或小乔木，高 3 ～ 4 m；小枝近四棱形，灰褐色，无皮孔；叶片纸质或膜质、绿色，椭圆形，边缘具尖细锯齿或近全缘，主脉平坦；花序簇生，花粉红色；果球形，成熟后红色。与黄毛冬青（*Ilex dasyphylla* Merr.）相比，黄毛冬青小枝、叶柄、叶片、花梗及花萼均密被锈黄色瘤基短硬毛，叶片革质。

## 植物地理

东亚（热带、亚热带）及热带南美间断分布；在我国广域分布，产于华东、华中、华南。

## 功能性状

小叶，叶长 2 ～ 6 cm，宽 1 ～ 2.5（3）cm；花细小，花瓣长约 2 mm；叶氮含量Ⅳ级，较小，为 14.50 mg/g；叶磷含量Ⅰ级，极小，为 0.54 mg/g；N/P 比Ⅷ级，很大，为 26.85。

## 生物生态

小高位芽植物；种群密度为 91.46 株 /hm$^2$，常见种。

## 组学数据

叶绿体基因组全长 157 872 bp，其中 LSC、SSC 和 IR 区域未标注，GC 含量为 37.6%；含有 131 个基因，其中包括 36 个 tRNA 基因、8 个 rRNA 基因和 87 个蛋白质编码基因（GenBank 登录号：MT764245.1）。

## 资源类型

药用。

# 香冬青

*Ilex suaveolens* (H. Lév.) Loes.

**别　　名**　甜冬青、德保冬青

**系统发育**　菊超目（Asteranae）冬青目（Aquifoliales）冬青科（Aquifoliaceae）冬青属（*Ilex*）；桔梗分支（Campanulids）

## 鉴定辨别

常绿乔木，高达 15 m；当年生小枝褐色，具棱角，二年生枝近圆柱形，皮孔椭圆形；叶片革质、无毛，卵形，叶缘疏生小圆齿，叶背褐色，主脉隆起；花未见；具 3 个果的聚伞状果序单生于叶腋，具棱，无毛，果梗无毛，成熟果红色，长球形；宿存花萼 5 裂，内果皮石质。与冬青（*Ilex chinensis* Sims）相比，香冬青小枝具皮孔，叶片主脉隆起。

## 植物地理

东亚（热带、亚热带）及热带南美间断分布；在我国广域分布，产于华东、华中、华南、西南。

## 功能性状

小叶，叶长 5 ～ 6.5 cm，宽 2 ～ 2.5 cm；种子重量级 10 级，单粒质量为 0.03 g；叶氮含量Ⅵ级，较大，为 21.51 mg/g；叶磷含量Ⅰ级，极小，为 0.83 mg/g；N/P 比Ⅷ级，很大，为 25.92。

## 生物生态

中高位芽植物；种群密度为 23.75 株 /hm$^2$，常见种。

## 组学数据

基因组大小Ⅲ级，小，为 7.45×10$^8$ bp；染色体数目为 40 对。叶绿体基因组全长 157 857 bp，其中 LSC 区域为 87 255 bp，SSC 区域为 18 398 bp，IR 区域为 26 102 bp，GC 含量为 37.6%；含有 134 个基因，其中包括 37 个 tRNA 基因、8 个 rRNA 基因和 89 个蛋白质编码基因（Yuan et al., 2021）。

## 资源类型

观赏。

# 尾叶冬青

## *Ilex wilsonii* Loes.

**别　名**　江南冬青、庐山冬青

**系统发育**　菊超目（Asteranae）冬青目（Aquifoliales）冬青科（Aquifoliaceae）冬青属（*Ilex*）；桔梗分支（Campanulids）

### 鉴定辨别

常绿灌木或乔木，高 2 ～ 10 m；树皮灰白色，光滑；小枝圆柱形，灰褐色，平滑，无皮孔；叶片厚革质、绿色、无毛，卵形，全缘，主脉平坦；花序簇生，花白色；果球形，成熟后红色。与厚叶冬青（*Ilex elmerrilliana* S. Y. Hu）相比，尾叶冬青树皮灰白色，小枝无皮孔，叶片主脉平坦。

### 植物地理

东亚（热带、亚热带）及热带南美间断分布；在我国广域分布，产于华东、华中、华南、西南。

### 功能性状

小叶，叶长 4 ～ 7 cm，宽 1.5 ～ 3.5 cm；花细小，花瓣长约 2 mm；种子重量级 12 级，百粒重为 0.33 g；叶氮含量Ⅴ级，中等，为 17.51 mg/g；叶磷含量Ⅰ级，极小，为 0.48 mg/g；N/P 比Ⅸ级，极大，为 36.48。

### 生物生态

小高位芽植物；种群密度为 25.21 株 /$hm^2$，常见种。

### 组学数据

叶绿体基因组全长 157 918 bp，其中 LSC 区域为 87 266 bp，SSC 区域为 18 432 bp，IR 区域为 26 110 bp，GC 含量为 37.6%；含有 144 个基因，其中包括 40 个 tRNA 基因、8 个 rRNA 基因和 96 个蛋白质编码基因（Yao et al., 2016）。

### 资源类型

药用。

枝条

叶

花

果

# 海金子
*Pittosporum illicioides* Makino

花

花

果

果

**别　　名**　崖花海桐

**系统发育**　菊超目（Asteranae）川续断目（Dipsacales）海桐花科（Pittosporaceae）海桐花属（*Pittosporum*）；桔梗分支（Campanulids）

## 鉴定辨别
常绿灌木，高达 5 m；叶生于枝顶，3 ~ 8 片簇生呈假轮生状，薄革质，倒卵状披针形或倒披针形，先端渐尖，基部窄楔形，常向下延，上面深绿色，干后仍发亮，下面浅绿色，无毛；伞形花序顶生，有花 2 ~ 10 朵；蒴果近圆形，种子 8 ~ 15 个，果梗纤细，常向下弯。与海桐［*Pittosporum tobira* (Thunb.) W. T. Aiton］相比，海金子果瓣薄木质，厚 1 mm 以下；叶薄革质，顶端渐尖。

## 植物地理
东半球的热带和亚热带地区分布；在我国区域分布，产于闽、台、浙、苏、皖、赣、鄂、湘、黔等地。

## 功能性状
小叶或细叶，叶长 5 ~ 10 cm，宽 2.5 ~ 4.5 cm。

## 生物生态
小高位芽植物；种群密度为 0.52 株 /$hm^2$，稀有种。

## 组学数据
暂无。

## 资源类型
油脂、纤维。

# 树参
## *Dendropanax dentiger* (Harms) Merr.

**别　　名**　胀果木五加、小荷枫

**系统发育**　菊超目（Asteranae）伞形目（Umbelliflorae）五加科（Araliaceae）树参属（*Dendropanax*）；桔梗分支（Campanulids）

### 鉴定辨别

乔木或灌木，高 2 ～ 8 m；叶片厚纸质或革质，密生大红棕色腺点，叶形变异很大，无毛，全缘，基脉三出，叶柄长 0.5 ～ 5 cm，无毛；花瓣 5 片，三角形，长 2 ～ 2.5 mm；果实长圆状球形，有 5 条棱，每条棱又各有纵脊 3 条，果梗长 1 ～ 3 cm；花期在 8—10 月，果期在 10—12 月。与台湾树参［*Dendropanax pellucidopunctatus* (Hayata) Kaneh.］相比，台湾树参叶有分裂及不分裂的叶片，网脉明显。

### 植物地理

东亚（热带、亚热带）及热带南美间断分布；在我国广域分布，产于华东、华中、华南、西南。

### 功能性状

小叶或细叶，叶长 7 ～ 10 cm，宽 1.5 ～ 4.5 cm；花中，花径长 12.50 mm；种子重量级 4 级，单粒质量为 0.02 g；叶氮含量Ⅳ级，较小，为 13.92 mg/g；叶磷含量Ⅸ级，极大，为 4.35 mg/g；N/P 比Ⅰ级，极小，为 3.2。

### 生物生态

小高位芽植物；种群密度为 2.39 株 /hm$^2$，偶见种。

### 组学数据

叶绿体基因组全长 156 687 bp，其中 LSC 区域为 86 680 bp，SSC 区为 18 247 bp，IR 区为 25 880 bp，GC 含量为 38.0%；含有 134 个基因，其中包括 37 个 tRNA 基因、8 个 rRNA 基因和 89 个蛋白质编码基因（Wang et al., 2016）。

### 资源类型

药用。

叶

花

果

# 具毛常绿荚蒾

## *Viburnum sempervirens* var. *trichophorum* Hand.-Mazz.

**别　　名**　毛常绿荚蒾

**系统发育**　菊超目（Asteranae）伞形目（Dipsacales）五福花科（Adoxaceae）荚蒾属（*Viburnum*）；桔梗分支（Campanulids）

### 鉴定辨别

幼枝、叶柄和花序均密被簇状短毛，有时还夹杂简单长毛。叶顶端具较明显的锯齿，侧脉 5 ～ 6 对。果实较大，核长约 7 mm，直径约 6 mm，背面略凸起，腹面略呈鹅毛扇状弯拱而不明显凹陷。与樟叶荚蒾（*Viburnum cinnamomifolium* Rehder）相比，樟叶荚蒾枝紫褐色，叶基部以上无腺体。

### 植物地理

北温带分布；在我国广域分布，产于华东、华中、华南、西南和西北。

### 功能性状

小叶或中叶，叶长 4 ～ 12 cm；花很小，花瓣直径约 4 mm。

### 生物生态

小高位芽植物；种群密度为 10.00 株 /$hm^2$，偶见种。

### 组学数据

暂无。

### 资源类型

药用。

# 编研说明

# 一、模块与知识点

本书分不同模块撰写，每个模块又设定若干知识点，共分为9个模块20个知识点（表1）。之所以按模块设定知识点，主要基于以下考虑：①采用相同的依据和标准对撰写内容进行规范，使树种之间具有可比性，更具有参考价值；②撰写内容以科学事实为基础，数据或资料的获取途径主要有野外调查、野外观察、室内实验和文献分析；③控制篇幅，使每个树种的篇幅限定在一个页面中；④形成本书的特色。

表1　模块与知识点

| 模块 | 知识点 |
| --- | --- |
| 1. 植物名称 | 1.1 中文名称；1.2 拉丁学名 |
| 2. 系统发育 | 2.1 系统位置；2.2 非正规类群名称 |
| 3. 鉴定辨别 | 3.1 鉴定特征；3.2 比较辨别 |
| 4. 植物地理 | 4.1 地理成分；4.2 范围大小；4.3 地理位置 |
| 5. 功能性状 | 5.1 叶片大小；5.2 花径大小；5.3 种子大小；5.4 叶氮含量；5.5 叶磷含量 |
| 6. 生物生态 | 6.1 生活型；6.2 种群密度 |
| 7. 组学数据 | 7.1 基因组大小；7.2 质体基因组 |
| 8. 资源类型 | 8.1 资源类型 |
| 9. 形态照片 | 9.1 形态照片 |

# 二、依据与规范

各知识点的撰写依据与规范见表2。

表2　知识点的撰写依据与规范

| 知识点 | 依据与规范 | 注释 |
| --- | --- | --- |
| 1.1 中文名称 | 提供一个正名和一个至多个别名（别名可缺），正名依据《中国树木志》、《中国植物志》（中文版） | 注释 [1] |
| 1.2 拉丁学名 | 提供每个树种规范的拉丁学名，包含属名、种加词和定名人；拉丁名以《中国生物物种名录》（http://www.sp2000.org.cn/）和 The Plant List（http://www.theplantlist.org/）为主；种下分类群须有附加名称 | 注释 [1] |
| 2.1 系统位置 | 被子植物按照 APG IV 系统，提供每个树种的超目、目、科和属信息；裸子植物按照 Christenhusz 等的最新系统，提供每个树种的亚纲、目、科和属信息 | 注释 [2] |
| 2.2 非正规类群名称 | 给出每个树种的非正规类群名称；非正规类群名称指有关文献定义的名称，如木兰分支（Magnoliids）、豆分支（Fabids）和唇形分支（Lamiids）等 | 注释 [3] |
| 3.1 鉴定特征 | 描述科和属的树木鉴定综合性状 2～4 条；突出重点，不像传统的志书一样追求全面；不同科属的性状可能不同，主要依据区分度来进行性状挑选 | 注释 [4] |
| 3.2 比较辨别 | 与常见的容易混淆的相似物种进行对比；重点突出种与种的区别性状，一般不超过 3 条 | 注释 [4] |
| 4.1 地理成分 | 依据吴征镒对中国种子植物属的 15 个分布类型，只描述属的地理成分 | 注释 [5] |
| 4.2 范围大小 | 分狭域分布、局域分布、区域分布和广域分布 4 个等级 | 注释 [6] |

| 知识点 | 依据与规范 | 注释 |
| --- | --- | --- |
| 4.3 地理位置 | 指出具体分布的省（区、市）或地理区域，描述特有性信息 | 注释 [7] |
| 5.1 叶片大小 | 依据单叶或复叶小叶的叶片面积，按吉利森的分级方法，从小到大将叶分为丝叶、线叶、微叶、小叶、细叶、中叶、大叶、巨叶和宏叶 9 级，提供具体叶的大小级和面积数字；无叶面积数据的植物，按韦伯的大小长度分级法分为小叶、中叶和大叶 3 级，提供叶长数字 | 注释 [8] |
| 5.2 花径大小 | 按花径大小分为很小、小、中、大和很大 5 级 | 注释 [9] |
| 5.3 种子大小 | 按重量分为 16 级 | 注释 [10] |
| 5.4 叶氮含量 | Ⅰ级，极小；Ⅱ级，很小；Ⅲ级，小；Ⅳ级，较小；Ⅴ级，中等；Ⅵ级，较大；Ⅶ级，大；Ⅷ级，很大；Ⅸ级，极大 | 注释 [11] |
| 5.5 叶磷含量 | Ⅰ级，极小；Ⅱ级，很小；Ⅲ级，小；Ⅳ级，较小；Ⅴ级，中等；Ⅵ级，较大；Ⅶ级，大；Ⅷ级，很大；Ⅸ级，极大 | 注释 [12] |
| 6.1 生活型 | 分 6 级，即高位芽植物、地上芽植物、地面芽植物、隐芽植物、一年生植物和藤本，其中高位芽植物又分为大高位芽植物、中高位芽植物、小高位芽植物和矮高位芽植物 | 注释 [13] |
| 6.2 种群密度 | Ⅰ级，稀有；Ⅱ级，偶见；Ⅲ级，低密度；Ⅳ级，中密度；Ⅴ级，高密度；Ⅵ级，大密度。Ⅲ～Ⅵ级为常见种 | 注释 [14] |
| 7.1 基因组大小 | Ⅰ级，极小；Ⅱ级，很小；Ⅲ级，小；Ⅳ级，中；Ⅴ级，大；Ⅵ级，很大 | 注释 [15] |
| 7.2 质体基因组 | 包括 IRa、IRb、LSC 和 SSC 四元结构的完整性，序列总长和分区序列长度，GC 含量，基因总数及各类别数量 | 注释 [16] |
| 8.1 资源类型 | 分 11 类 | 注释 [17] |
| 9.1 形态照片 | | |

# 三、注释

## 注释 [1]

《论语·子路》云：“名不正，则言不顺；言不顺，则事不成。”因而，探究植物先需正名。本书提供的植物名称包括学名和俗名。学名即科学名称，是符合《国际植物命名法规》（International Code of Botanical Nomenclature，ICBN）的通用名称。俗名即民间使用的名称，具有鲜明的语言、地域和文化特征。按语言不同，俗名可分为中文名和外文名，外文名又可分为英文名、法文名、德文名等。当中文俗名有多个时，正式采用的称“正名”，其他称“别名”。

## 注释 [2]

树种顺序如何编排是编写图鉴必然遇到的一个问题。植物分类学自诞生以来，就以建立分类系统为终极崇高目标。解决了分类系统，就等于明确了植物的排列顺序。自林奈建立“性系统”以来，已经有众多植物分类系统问世，而其中最知名的莫过于以下 4 个系统：哈钦松系统、恩格勒系统、塔赫他间系统和克朗奎斯特系统。这些系统曾经广泛地应用于中国的教科书、专著图鉴和标本室，其中尤以恩格勒系统最为突出。20—21 世纪之交，随着认识水平的提升和分子数据的不断积累，荟萃集体智慧的植物分类系统应运而生。以下按裸子植物和被子植物进行分述。

● 裸子植物分类系统

《中国植物志（第七卷）》（郑万钧和傅立国，1978）记载了中国裸子植物 4 纲 8 目 11 科 41 属 236 种 47 变种。其系统框架如下：

Ⅰ 苏铁纲（Cycadopsida）

A 苏铁目（Cycadales）：1. 苏铁科（Cycadaceae）。

Ⅱ 银杏纲（Ginkgopsida）

B 银杏目（Ginkgoales）：2. 银杏科（Ginkgoaceae）。

Ⅲ 松杉纲（Coniferopsida）

C 松杉目（Pinales）：3. 南洋杉科（Araucariaceae）；4. 松科（Pinaceae）；
5. 杉科（Taxodiaceae）；6. 柏科（Cupressaceae）。

D 罗汉松目（Podocarpales）：7. 罗汉松科（Podocarpaceae）。

E 三尖杉目（Cephalotaxales）：8. 三尖杉科（Cephalotaxaceae）。

G 红豆杉目（Taxales）：9. 红豆杉科（Taxaceae）。

Ⅳ 盖子植物纲（Chlamydospermopsida）

H 麻黄目（Ephedrales）：10. 麻黄科（Ephedraceae）。

I 买麻藤目（Gnetales）：11. 买麻藤科（Gnetaceae）。

《中国植物志（第七卷）》提供的系统在世界范围内具有深远影响。近 30 年来，裸子植物的分子和形态系统发育证据不断增加，一批学者提出了最新的裸子植物分类系统（Christenhusz et al., 2011）。该系统将裸子植物分为 4 亚纲 8 目 12 科，增加了泽米科（Zamiaceae）和金松科（Sciadopityaceae），删减了杉科（并入柏科），其系统框架如下：

Ⅰ 苏铁亚纲（Cycadidae）

A 苏铁目（Cycadales）

1. 苏铁科（Cycadaceae）：苏铁属（*Cycas*）。
2. 泽米科（Zamiaceae）：双子铁属（*Dioon*）等 9 属。

Ⅱ 银杏亚纲（Ginkgoidae）

B 银杏目（Ginkgoales）

3. 银杏科（Ginkgoaceae）：银杏属（*Ginkgo*）。

Ⅲ 买麻藤亚纲（Gnetidae）

C 百岁叶目（Welwitschiales）

4. 百岁叶科（Welwitschiaceae）：百岁叶属（*Welwitschia*）。

D 买麻藤目（Gnetales）

5. 买麻藤科（Gnetaceae）：买麻藤属（*Gnetum*）。

E 麻黄目（Ephedrales）

6. 麻黄科（Ephedraceae）：麻黄属（*Ephedra*）。

Ⅳ 松亚纲（Pinidae）

F 松目（Pinales）

7. 松科（Pinaceae）：松属（*Pinus*）等 11 属。

G 南洋杉目（Araucariales）

8. 南洋杉科（Araucariaceae）：南洋杉属（*Araucaria*）等 3 属。
9. 罗汉松科（Podocarpaceae）：罗汉松属（*Podocarpus*）等 19 属。

H 柏目（Cupressales）

10. 金松科（Sciadopityaceae）：金松属（*Sciadopitys*）。
11. 柏科（Cupressaceae）：杉木属（*Cunninghamia*）等 29 属。
12. 红豆杉科（Taxaceae）：红豆杉属（*Taxus*）等 6 属。

● 被子植物分类系统

到目前为止，一共公布了 4 个被子植物分类系统版本，即 APG（1998）、APG Ⅱ（2003）、

APG Ⅲ（2009）和 APG Ⅳ（2016）。从 APG 到 APG Ⅲ的内容变化较大，但从 APG Ⅲ到 APG Ⅳ的变化不大。

APG Ⅲ界定了科的基本框架，APG Ⅳ进行了最新的修订，共有 416 科。相对于 APG Ⅲ，APG Ⅳ科的名称、范畴和数目变化不大。

本书采用 APG Ⅳ系统。按照该系统，被子植物包含 64 目，依其拉丁名顺序排列如下：

1. 菖蒲目（Acorales）；2. 泽泻目（Alismatales）；3. 无油樟目（Amborellales）；4. 伞形目（Apiales）；5. 冬青目（Aquifoliales）；6. 棕榈目（Arecales）；7. 天门冬目（Asparagales）；8. 菊目（Asterales）；9. 木兰藤目（Austrobaileyales）；10. 红珊藤目（Berberidopsidales）；11. 紫草目（Boraginales）；12. 十字花目（Brassicales）；13. 绒球花目（Bruniales）；14. 黄杨目（Buxales）；15. 白樟目（Canellales）；16. 石竹目（Caryophyllales）；17. 卫矛目（Celastrales）；18. 金鱼藻目（Ceratophyllales）；19. 金粟兰目（Chloranthales）；20. 山茱萸目（Cornales）；21. 鸭跖草目（Commelinales）；22. 缨子木目（Crossosomatales）；23. 葫芦目（Cucurbitales）；24. 五桠果目（Dilleniales）；25. 薯蓣目（Diosscoreales）；26. 川续断目（Dipssacales）；27. 杜鹃花目（Ericales）；28. 南鼠刺目（Esscalloniales）；29. 豆目（Fabales）；30. 壳斗目（Fagales）；31. 丝缨花目（Garryales）；32. 龙胆目（Gentianales）；33. 牻牛儿苗目（Geraniales）；34. 洋二仙草目（Gunnerales）；35. 腺椒树目（Huerteales）；36. 茶茱萸目（Icacinales）；37. 唇形目（Lamiales）；38. 樟目（Laurales）；39. 百合目（Liliales）；40. 木兰目（Magnoliales）；41. 金虎尾目（Malpighiales）；42. 锦葵目（Malvales）；43. 水螅花目（Metteniussales）；44. 桃金娘目（Myrtales）；45. 睡莲目（Nymphaeales）；46. 酢浆草目（Oxalidales）；47. 露兜树目（Pandanales）；48. 盔被花目（Paracryphiales）；49. 无叶莲目（Petrosaviales）；50. 美洲苦木目（Picramniales）；51. 胡椒目（Piperales）；52. 禾本目（Poales）；53. 山龙眼目（Proteales）；54. 毛茛目（Ranunculales）；55. 蔷薇目（Rosales）；56. 檀香目（Santalales）；57. 无患子目（Sapindales）；58. 虎耳草目（Saxifragales）；59. 茄目（Solanales）；60. 昆栏树目（Trochodendrales）；61. 黄漆姑目（Vahliales）；62. 葡萄目（Vitales）；63. 姜目（Zingiberales）；64. 蒺藜目（Zygophyllales）。

对于目以上的分类等级，APG Ⅳ并未提供相关信息。Chase 和 Reveal（2009）给出了 APG Ⅲ相应目级及以上的分类处理方案，在被子植物亚纲（Magnoliidae）各目以上建立了超目（Superorder）这一分类等级，从而使之更具可操作性。根据 Chase 和 Reveal（2009）的系统框架，本研究吸收了 APG Ⅳ的最新成果，被子植物亚纲各超目和目的系统框架如下：

1. 无油樟超目（Amborellanae）：无油樟目。

2. 睡莲超目（Nymphaeanae）：睡莲目。

3. 木兰藤超目（Austrobaileyanae）：木兰藤目。

4. 木兰超目（Magnolianae）：胡椒目、白樟目、木兰目和樟目。

5. 金粟兰超目（Chloranthanae）：金粟兰目。

6. 百合超目（Lilianae）：菖蒲目、泽泻目、无叶莲目、露兜树目、薯蓣目、百合目、天门冬目、棕榈目、禾本目、鸭跖草目和姜目。

7. 金鱼藻超目（Ceratophyllanae）：金鱼藻目。

8. 毛茛超目（Ranunculanae）：毛茛目。

9. 山龙眼超目（Proteanae）：山龙眼目。

10. 昆栏树超目（Trochodendranae）：昆栏树目。

11. 黄杨超目（Buxanae）：黄杨目。

12. 折扇叶超目（Myrothamnanae）：洋二仙草目。

13. 蔷薇超目（Rosanae）：虎耳草目、葡萄目、蒺藜目、卫矛目、金虎尾目、酢浆草目、豆目、蔷薇目、壳斗目、葫芦目、牻牛儿苗目、桃金娘目、缨子木目、美洲苦木目、无患子目、腺椒树目、锦葵目和十字花目。

14. 五桠果超目（Dillenianae）：五桠果目。

15. 红珊藤超目（Berberidopsidanae）：红珊藤目。

16. 檀香超目（Santalanae）：檀香目。

17. 石竹超目（Caryophyllanae）：石竹目。

18. 菊超目（Asteranae）：山茱萸目、杜鹃花目、冬青目、菊目、南鼠刺目、绒球花目、伞形目、川续断目、盔被花目、茄目、唇形目、黄漆姑目、龙胆目、紫草目、丝缨花目、水螅花目和茶茱萸目。

## 注释 [3]

APG 系统是建立在分支系统学的假说之上的，因而该系统提出了一些非正规、以单系群为基础的名称，而这些名称在学术论文中被广泛采用。现将 APG Ⅳ和其他重要文献（Cantino et al., 2007）中提到的主要非正规名称分述如下：

1. 木兰分支（Magnoliids）：（胡椒目 + 白樟目）+（木兰目 + 樟目），相当于木兰超目。

2. 鸭跖草分支（Commelinids）：棕榈目 +［禾本目 +（鸭跖草目 + 姜目）］，是百合超目的一部分。

3. 单子叶分支（Monocots）：菖蒲目 +{ 泽泻目 +【无叶莲目 +〔（露兜树目 + 薯蓣目）+［百合目 +（天门冬目 + 鸭跖草分支）］〕】}，相当于百合超目。

4. 豆分支（Fabids）：蒺藜目 +【〔豆目 +［蔷薇目 +（壳斗目 + 葫芦目）］〕+［卫矛目 +（酢浆草目 + 金虎尾目）］】，是蔷薇分支的两个主干分支之一，蔷薇超目的一部分。

5. 锦葵分支（Malvids）：（牻牛儿苗目 + 桃金娘目）+{ 缨子木目 +【美洲苦木目 +〔无患子目 +［腺椒树目 +（十字花目 + 锦葵目）］〕】}，是蔷薇分支的两个主干分支之一，蔷薇超目的一部分。

6. 蔷薇分支（Rosids）：葡萄目 +（豆分支 + 锦葵分支）。

7. 超蔷薇分支（Superrosids）：虎耳草目 + 蔷薇分支，是真双子叶分支的两个主干分支之一，相当于蔷薇超目。

8. 桔梗分支（Campanulids）：冬青目 +【南鼠刺目 + 菊目 +〔绒球花目 +［伞形目 +（川续断目 + 盔被花目）］〕】，是菊分支的两个主干分支之一，菊超目的一部分。

9. 唇形分支（Lamiids）：茶茱萸目 +〔水螅花目 +［丝缨花目 +（紫草目 + 龙胆目 + 黄漆姑目 + 唇形目 + 茄目）］〕，是菊分支的两个主干分支之一，菊超目的一部分。

10. 菊分支（Asterids）：山茱萸目 +［杜鹃花目 +（唇形分支 + 桔梗分支）］。

11. 超菊分支（Superasterids）：红珊藤目 +［檀香目 +（石竹目 + 菊分支）］，是真双子叶分支的两个主干分支之一，相当于菊超目。

12. 核心真双子叶分支（Core eudicots）：洋二仙草目 +（超蔷薇分支 + 五桠果目 + 超菊分支）。

13. 真双子叶分支（Eudicots）：毛茛目 +〔山龙眼目 +［昆栏树目 +（黄杨目 + 核心真双子叶分支）］〕，也称为三沟花粉分支（Tricolpatae）。

14. 核心被子植物（Mesangiospermae）：木兰分支 + 金粟兰超目 +［单子叶分支 +（金鱼藻超目 + 真双子叶分支）］，“mes-”意为中部、中心，是被子植物最主要的演化分支，涵盖绝大部分有花植物。

15. ANA 并系群（ANA grade）：指被子植物先后分支的根部类群，第一个分支为无油樟超目，第二个分支为睡莲超目，第三个分支为木兰藤超目，三者互为并系关系。

## 注释 [4]

对树种的辨识以掌握科和属的特征为核心。科和属的定义通常是以繁殖器官或被认为更为稳定的器官性状为主要依据的；属间差异比种间差异大，科间差异又比属间差异大，辨识的难度相对较小。掌握科和属的特征是树种辨认的基础，可以借助工具书或凭野外实践经验识别更多的种。因而，科和属的鉴定特征是树种识别的核心要义。

树种的鉴定可以与疾病诊断类比。疾病诊断依据多指标的综合症状，树种鉴定莫不如此，也需要依据综合性状。综合症状一词对应的英文为 syndrome，也被应用于植物学，如 pollination syndrome，在很多场合下被直译为“传粉综合征”，但不准确，应该理解为“传粉综合性状”。在这里我们提出“树木鉴定综合性状”（tree identification syndrome）这样一个概念，主要用于描述科和属鉴定的依据特征。

在对同属或相近属容易混淆的树种进行比较时，可以利用野外实用的方法，如在林地上寻找枯落器官残体，揉碎叶子闻气味等。

## 注释 [5]

一地长多树，一树生多地。地理区域不同，树木种类也不同。树木的适应特性不同，其分布范围大小和位置也会有差别。了解树木的地理分布信息，不仅有助于找到树木，而且有助于认识树木。一个地理单元中植物种类的总和称为植物区系（flora）。植物区系成分的地理分布式样是复杂多样的，分布式样相近的一组植物称为一个分布区类型（areal type），或者称为植物地理成分（phytogeographical elements）。吴征镒（1991）将中国 3 116 个种子植物属的分布分为以下 15 个类型：

1. 世界分布（Cosmopolitan）；
2. 泛热带分布（Pantropic）；
3. 热带亚洲和热带美洲间断分布（Trop. Asia & Trop. Amer. disjuncted）；
4. 旧世界热带分布（Old World Tropics）；
5. 热带亚洲至大洋洲分布（Trop. Asia & Trop. Australasia）；
6. 热带亚洲至热带非洲分布（Trop. Asia & Trop. Africa）；
7. 热带亚洲（印度—马来西亚）分布［Trop. Asia（Indo-Malesia）］；
8. 北温带分布（North Temperate）；
9. 东亚和北美间断分布（E. Asia & N. Amer. disjuncted）；
10. 旧世界温带分布（Old World Temperate）；
11. 温带亚洲分布（Temp. Asia）；
12. 地中海区、西亚至中亚分布（Mediterranea, W. Asia to C. Asia）；
13. 中亚分布（C. Asia）；
14. 东亚分布（E. Asia）；
15. 中国特有分布（Endemic to China）。

后来，吴征镒等（2003）又提出了世界种子植物科的分布区类型，共分为 18 个类型。其中，第 1 个至第 15 个分布区与中国种子植物属分布区类型完全一致，第 16 个至第 18 个分布区是中国没有分布的科。18 个世界种子植物科的分布区类型如下：

1. 广布，即世界广布（Widespread = Cosmopolitan）；
2. 泛热带，即热带广布（Pantropic）；
3. 东亚（热带、亚热带）及热带南美间断［Trop. &Subtr. E. Asia & (S.) Trop. Amer. disjuncted］；

4. 旧世界热带（Old World Tropics = OW Trop.）；

5. 热带亚洲至热带大洋洲（Trop. Asia to Trop. Australasia Oceania）；

6. 热带亚洲至热带非洲（Trop. Asia to Trop. Africa）；

7. 热带亚洲，即热带东南亚至印度—马来西亚，太平洋诸岛（Trop. Asia = Trop. SE. Asia + Indo-Malaya +Trop. S. & SW. Pacific Isl.）；

8. 北温带（N. Temp.）；

9. 东亚及北美间断（E. Asia & N. Ame. disjuncted）；

10. 旧世界温带（Old World Temp. = Temp. Eurasia）；

11. 温带亚洲（Temp. Asia）；

12. 地中海区、西亚至中亚（Medit., W. to C. Asia）；

13. 中亚（C. Asia）；

14. 东亚（E. Asia）；

15. 中国特有（Endemic to China）；

16. 南半球热带以外间断或星散分布（Extratropical S. Hemisphere disjuncted or dispersed）；

17. 热带非洲—热带美洲间断（Trop. Africa &Trop. America disjuncted）；

18. 泛南极（Holantarctic）。

中国的植物区系分析一般统一采用上述科、属的分布区类型划分系统，物种的分布与属的类型也一致。西方的植物区系分析有多种体系并存，与中国的划分系统有显著区别。钱宏（1999）在研究墨西哥北美地区的植物地理特征时划分了 10 个植物地理成分：

1. 广布（Cosmopolitan）；

2. 泛热带（Pantropical）；

3. 泛太平洋热带（Amphi-Pacific tropical）；

4. 泛大西洋热带（Amphi-Atlantic tropical）；

5. 新热带（Neotropical）；

6. 泛北极（Holarctic）；

7. 北美—东亚（North American–Eastern Asian）；

8. 北美—欧洲（North American–European）；

9. 北美—南美（North American–South American）；

10. 北美特有（North American endemic）。

在研究北美太平洋海岸植物区系时，学者划分了 19 个植物地理成分（Peinado et al., 2009）：

1. 泛大西洋热带（Amphi-Atlantic Tropical）；

2. 泛太平洋热带（Amphi-Pacific Tropical）；

3. 下加利福尼亚（Bajacalifornian）；

4. 北部西北太平洋（Boreal Northwestern）；

5. 加利福尼亚（Californian）；

6. 世界广布（Cosmopolitan）；

7. 间断成分（Disjunct）；

8. 泛北极（Holarctic）；

9. 引入成分（Introduced）；

10. 马德雷成分（Madrean）；

11. 北美—东亚（North American-Eastern Asian）；

12. 北美—南美（North American-South American）；

13. 新热带（Neotropical）；

14. 北美（North American）；

15. 太平洋（Pacific）；

16. 泛热带（Pantropical）；

17. 索诺兰成分（Sonoran）；

18. 温带西北太平洋（Temperate Northwestern Pacific）；

19. 北美西部（Western North-American）。

在研究单个物种分布区和比较研究不同地方的植物区系时，需要对陆地进行地理单元的划分，即进行生物地理区划（biogeographical regionalization）。生物地理区划是生物地理学的经典内容，其目标是把生物世界划分成不同的地理单元。由于植物进化历史漫长、扩散和迁移空间尺度巨大，生物地理区划的对象往往是世界性的。塔赫他间（1978）将世界植物地理分布区域划分为 6 个区 8 个亚区 34 个地区 142 个省。6 个区分别为泛北极植物区、古热带植物区、新热带植物区、好望角植物区、澳大利亚植物区和泛南极植物区。张宏达（1994）将地球植物地理分布区域划分为劳亚植物界（Laurasia Kingdom）、华夏植物界（Cathaysia Kingdom）、澳大利亚植物界（Australia Kingdom）、非洲植物界（Africa Kingdom）、南美植物界（South America Kingdom）、南极植物界（Antarctic Kingdom）和热带红树植物界（Tropical mangrove Kingdom）。

植物地理成分分析和植物地理区划作为植物区系学（floristics）的经典内容已经形成了完整的体系。随着分子生物学和信息科学等工具的不断应用，植物区系学的研究又有新的进步，有两个方面值得关注，即系统发育植物区系学（phylofloristics）和系统发育区划（phylogenetic regionalization）。

系统发育植物区系学是 Swenson 和 Umana（2014）引入的一种分析途径，借此可分析与空间和环境梯度有关的植物区系的组成相似性，以了解它们的组合。系统发育植物区系学将系统发育信息整合到传统的植物区系分析中，可以探索在多个空间尺度上驱动植物组合的生态、生物地理和进化过程，是一种很有前途的方法。它涉及系统发育结构、空间系统发育模式、起源与多样性、植物区系组合的系统发育区划、系统发育信息在生物多样性保护中的应用等方面，有助于从进化的角度结合系统发育信息来提高我们对植物区系组合的理解（Li et al., 2018）。

系统发育区划是利用系统发育信息将物种组合划分为生物地理单元的科学。其目标是获得系统发育区域（phyloregions），即按物种组合为系统发育上有明显差异的生物地理单元。系统发育区划的创新之处在于将系统发育信息纳入区划方案，把扩散限制、灭绝、物种形成和生态位保守等过程作为物种组合形成的系统发育上不同的生物地理单元的基础。这对于鉴定进化辐射中心、多样性博物馆和灭绝热点具有重要意义，为区域生物多样性提供了一个严格和客观的分类体系，并增强了我们对生物多样性模式的认识（Daru et al., 2017a）。从某种意义上讲，系统发育区划的研究内容是系统发育植物区系学的一部分。

以下两个研究案例可以体现系统发育植物区系学和系统发育区划的研究进展。

案例一：埃塞俄比亚（Ethiopia）和厄立特里亚（Eritrea）植物区系研究（Wang et al., 2020b）。埃塞俄比亚和厄立特里亚位于非洲之角，被称为世界生物多样性热点地区之一。武汉植物园的研究团队采用了一种有新意的方法研究了该地的植物区系：以 0.5°×0.5° 地理网格为基本单元，采集网格中属、物种和特有种数据，分析分类的和系统发育的 β-diversity，采用层次聚类等方法，共鉴定出 2 个植物区系亚省（floristic subprovinces）、5 个植物区系（floristic districts）和 13 个植物区系亚区（floristic subdistricts）。

案例二：海草（seagrasses）的系统发育区域重建（Daru et al., 2017b）。以全球 70 种海草为研究材料，如二药藻属（*Halodule*）、水垫藻属（*Lepilaena*）、虾海藻属（*Phyllospadix*）和大叶藻属（*Zostera*）等，获得了 rbcL、ITS 和 18S 三个片段的 DNA 序列数据，采用系统发育重建、系统发育区域聚类等分析方法，整合为以下 11 个系统发育区域（Daru et al., 2017b）：①温带大洋洲（Temperate Australasia）；②北大西洋 + 地中海（North Atlantic + Mediterranean）；③北极 + 温带大洋洲（Arctic + Temperate Australasia）；④温带南美洲 + 温带南部非洲（Temperate South America + Temperate Southern Africa）；⑤地中海（Mediterranean）；⑥西印度—太平洋（Western Indo-Pacific）；⑦西部和中部印度—太平洋（Western + Central Indo-Pacific）；⑧中部印度—太平洋（Central Indo-Pacific）；⑨热带大西洋（西非海岸）［Tropical Atlantic（West African coast）］；⑩热带大西洋（Tropical Atlantic）；⑪西部和中部印度—太平洋Ⅱ（Western + Central Indo-Pacific Ⅱ）。

## 注释 [6]

考察分布范围大小，可人为地描述为狭域分布、局域分布、区域分布和广域分布 4 个等级。狭域分布，指仅分布在一个地点或一个省（区、市）；局域分布，指在 2 ～ 5 个省（区、市）多点分布；区域分布，指在 6 ～ 9 个省（区、市）多点分布；广域分布，指在 10 个及以上省（区、市）多点分布。

## 注释 [7]

地理位置有两层意思：其一，指分布点对应的省（区、市），狭域分布、局域分布和区域分布的用简称描述省（区、市），广域分布的按中国地理区域描述，即华北、东北、华东（含台湾）、华中、华南（含香港和澳门）、西南和西北；其二，指中国特有种或中国和外国共有种，后者须列出共有分布的国家名称。

## 注释 [8]

全球范围内的叶大小的种间变异范围可以达到 100 000 倍，因此日间和夜间的叶气温差是叶面积地理梯度的关键因子。大叶植物主要分布在潮湿、炎热、阳光充足的环境，而小叶植物多分布在干旱、炎热、阳光充足的环境，也出现在高纬度和高海拔地区（Wright et al., 2017）。叶面积是指单叶叶片或复叶小叶叶片的面积。最小的叶子，如山地岩高兰（*Empetrum hermaphroditum*），面积只有 0.03 $cm^2$；最大的叶子，如痒痒苹婆木（*Sterculia pruriens*），面积达 1 872 $cm^2$（Milla & Reich, 2007）。

1934 年，丹麦植物学家劳恩凯尔最早提出了叶级谱分级标准，划分出 6 个叶大小级，从小到大分别为线叶（leptophyll）、微叶（nanophyll）、小叶（microphyll）、中叶（mesophyll）、大叶（macrophyll）和宏叶（megaphyll）。

昆士兰大学植物学家韦伯专注于澳大利亚雨林植物的生理分类研究（Webb, 1959），将叶分为 7 个大小级，提出并定义了细叶（notophyll）。唐勤和 Ohsawa（1999）研究了峨眉山常绿阔叶林的叶大小变异，马哈多等（2009）观察了亚马孙雨林树种的叶形模式，两者均沿用了韦伯的 7 个叶级谱的方案。

根据古热带和新热带森林植物的叶大小多样性，吉利森等（2013）新定义了丝叶和大叶，根据叶面积提出了 9 个叶级的分级标准：

1. 丝叶（picophyll），＜ 2 $mm^2$；
2. 线叶（leptophyll），2 ～ 25 $mm^2$；
3. 微叶（nanophyll），25 ～ 225 $mm^2$；

4. 小叶（microphyll），225 ～ 2 025 mm$^2$；

5. 细叶（notophyll），2 025 ～ 4 500 mm$^2$；

6. 中叶（mesophyll），4 500 ～ 18 200 mm$^2$；

7. 大叶（platyphyll），18 200 ～ 36 400 mm$^2$；

8. 巨叶（macrophyll），36 400 ～ 180 000 mm$^2$；

9. 宏叶（megaphyll），＞ 180 000 mm$^2$。

韦伯（1959）还根据澳大利亚雨林的特点，认为叶片多为似披针形或椭圆形，提出了如下按叶片长度划分 3 级叶大小的方案：

1. 大叶（mesophyll or larger），5″ 或 12.7 cm 以上；

2. 中叶（notophyll），3 ～ 5″ 或 7.6 ～ 12.7 cm；

3. 小叶（microphyll or small），3″ 或 7.6 cm 以下。

## 注释 [9]

花大小类型的划分尚无统一标准，总体上可归纳为 2 级、3 级、4 级和 5 级划分体系（方炎明，2012）。花大小类型的划分依据主要有花径、花瓣长和面积 3 个性状。

日本小笠原群岛上的乡土有花植物的花大小按花径可分为 4 级：很小（＜ 5 mm）、小［5 ～ 10 mm（不含）］、中等（10 ～ 30 mm）和大（＞ 30 mm）（Abe, 2006）。

西双版纳热带季雨林和山地雨林的有花植物的花大小可划分为 3 级：大（＞ 1 cm）、中（0.5 ～ 1 cm）和小（＜ 0.5 cm）（Chen & Li, 2008a）。哀牢山亚热带常绿阔叶林木本被子植物的花大小划分采用了相同的 3 级划分方案（Chen & Li, 2008b）。

大西洋森林木本植物的花径分 5 级：不显著（$D \leqslant 4$ mm）、小（4 mm $< D \leqslant$ 10 mm）、中等（10 mm $< D \leqslant$ 20 mm）、大（20 mm $< D \leqslant$ 30 mm）和很大（$D >$ 30 mm）（Girao et al., 2007；Lopes et al., 2009）。

南非亚热带树木的花大小分为 3 级：小［1 ～ 10 mm（不含）］、中等（10 ～ 20 mm）和大（＞ 20 mm）（Griffiths & Lawes, 2006）。

巴西热带干燥森林卡廷加（Caatinga）的花大小分为 4 级：小（＜ 10 mm）、中等［10 ～ 20 mm（不含）］、大（20 ～ 30 mm）和很大（＞ 30 mm）（Machado et al., 2004）。

智利胡安费尔南德斯群岛上的被子植物的花大小分类依据是花面积，研究者解释花面积是按长 × 宽计算的，但未说明其内涵。从其数据来源和实际分类等级的面积范围来看，应是指花径的长轴方向和短轴方向的尺寸大小，即考虑了花两侧对称的实际情况，但并非花冠顶面观的轮廓面积。采用的 5 级划分方案如下：很小（＜ 9 mm$^2$）、小（10 ～ 25 mm$^2$）、中等（30 ～ 110 mm$^2$）、大（120 ～ 400 mm$^2$）和很大（＞ 400 mm$^2$）（Bernardello et al., 2001）。该方案虽然相对准确，但类别之间不连贯，存在模糊空间。

斯里兰卡植物区系的花按花瓣长被分为 4 级：细小（＜ 0.62 cm）、小（0.62 ～ 3.75 cm）、中等（3.76 ～ 5.00 cm）和大（＞ 5.00 cm）（Senarath, 2008）。

综上所述，花大小级划分的依据有花径、花冠面积和花瓣长等，不同的作者采用了不一致的分级方案。在已有研究的基础上，本书提出以下花大小级划分方案：①按花冠面积（$S$）分为很小（$S <$ 10 mm$^2$）、小（10 mm$^2 \leqslant S <$ 100 mm$^2$）、中（100 mm$^2 \leqslant S <$ 1 000 mm$^2$）、大（1 000 mm$^2 \leqslant S <$ 10 000 mm$^2$）和很大（$S \geqslant$ 10 000 mm$^2$）5 级；②按花径（$D$）大小划分为很小（$D <$ 4 mm）、小（4 mm $\leqslant D <$ 12 mm）、中（12 mm $\leqslant D <$ 36 mm）、大（36 mm $\leqslant D$ $<$ 120 mm）和很大（≥ 120 mm）。花冠面积，即花的顶面观轮廓面积。辐射对称或两侧对称的花均可测定面积，辐射对称的花还可以按花径大小计算圆面积大小，即为花冠面积。

## 注释 [10]

种子大小（seed size）有两个测度，即种子重量（seed mass）和种子尺寸（seed dimensions）。从扩散功能来考虑，种子是繁殖体的全部或一部分，繁殖体有两个英文名称：“propagule”（Haig & Westoby, 1991）和“diaspore”（Leishman et al., 2000; Díaz et al., 2016）。另外，繁殖体还可以把非种子植物的蕨类包括进去，概念比较宽泛。

繁殖体是一个特定的结构，该结构从一个孢子体扩散到新立地并形成一个遗传上不同的孢子体（Haig &Westoby, 1991）。该定义不包括小孢子和花粉粒，它们扩散了孢子体的基因，但不占据新立地，孢子体也不生根。同孢蕨类的繁殖体是同型孢子（isospore），异孢蕨类的繁殖体是大孢子（megaspore），裸子植物和被子植物的繁殖体是种子。异孢蕨类的大孢子是具有在立地上繁殖功能的繁殖体，而种子植物中的同源结构也叫大孢子，但不起繁殖体的作用。种子植物的种子由胚、胚乳和种皮组成。许多种子还有附属物，起扩散作用，如风媒传播的毛或羽毛，黏着传播的钩或倒钩，蚁类传播的油质体，脊椎动物传播的假种皮或果肉。种子加上扩散附属物称为繁殖体。对单个种子大小的测度难以满足所有的研究目的。讨论幼苗成长时，种子储备（胚乳）重量是合适的（Leishman et al., 2000）。除非特指，种子重量一般只包括胚、胚乳和种皮，但排除扩散结构（Leishman et al., 1995）。种子变异幅度达到 11.5 个数量级，最小的兰科植物种子只有 0.000 1 mg，最大的海椰子（*Lodoicea maldivica*）种子重约 20 kg（Moles et al., 2005）。

种子重量分级至少有 3 种方案：①按种子重量分为小（＜ 1 mg）、中（1 ～ 9.9 mg）、大（＞ 9.9 mg）3 级（Jurado et al., 2001）；②按重量分为 14 级（Baker, 1972; Mazer, 1989）；③按重量分为 16 级（Moles et al., 2007）。第 2 种和第 3 种分级方案见表 3。本书描述采用 16 级分级方案。

**表 3　种子大小分级方案**

| Mazer, 1989 | | Moles 等 2007 | |
|---|---|---|---|
| 种子重量级 | 重量范围 /mg | 种子重量级 | 重量范围 /mg |
| 1 | ＜ 0.003 | 1 | ＜ 0.001 |
| 2 | 0.003 ～ 0.009 | 2 | 0.001 ～ 0.003 16 |
| 3 | 0.010 ～ 0.031 | 3 | 0.003 16 ～ 0.01 |
| 4 | 0.032 ～ 0.099 | 4 | 0.01 ～ 0.031 6 |
| 5 | 0.100 ～ 0.315 | 5 | 0.031 6 ～ 0.1 |
| 6 | 0.316 ～ 0.999 | 6 | 0.1 ～ 0.316 |
| 7 | 1.000 ～ 3.161 | 7 | 0.316 ～ 1 |
| 8 | 3.162 ～ 9.999 | 8 | 1 ～ 3.16 |
| 9 | 10.000 ～ 31.611 | 9 | 3.16 ～ 10 |
| 10 | 31.612 ～ 99.999 | 10 | 10 ～ 31.6 |
| 11 | 100.000 ～ 316.108 | 11 | 31.6 ～ 100 |
| 12 | 316.109 ～ 999.999 | 12 | 100 ～ 316 |
| 13 | 1 000.000 ～ 3 161.080 | 13 | 316 ～ 1 000 |

| Mazer, 1989 | | Moles 等 2007 | |
|---|---|---|---|
| 种子重量级 | 重量范围 /mg | 种子重量级 | 重量范围 /mg |
| 14 | ＞3 161.080 | 14 | 1 000 ～ 3 160 |
| | | 15 | 3 160 ～ 10 000 |
| | | 16 | 10 000 ～ 31 600 |

从植物类群来看，被子植物种子重量的变异幅度最大，达 12 个数量级。最大的种子是海椰子，重量达 18 ～ 27 kg。兰花的种子最小，重量为 0.3 ～ 14 μg。其他种子非常小的还有菌物辅助营养的水晶兰属（*Monotropa hypopitys*）植物和列当属（*Orobanche picridis*）植物（两者均为 3 μg）。发芽自养型植物最小的种子重量约为 10 μg［如灯芯草属（*Juncus*）、虎耳草属（*Saxifraga*）］。裸子植物的重量变异幅度小于被子植物。松属植物最小的种子长 3 mm，重 4.5 mg；最大的种子长 24 mm，重量超过 900 mg。拳叶苏铁（*Cycas circinalis*）的种子重约 50 g。植物各类群繁殖体重量的一般规律是，同孢蕨类的同型孢子为 $10^{-9}$ ～ $10^{-6}$ g，异孢蕨类的大孢子为 $10^{-6}$ ～ $10^{-3}$ g，裸子植物种子为 $10^{-3}$ ～ $10^{3}$ g，被子植物种子为 $10^{-7}$ ～ $10^{4}$ g（Haig &Westoby, 1991）。关于最大和最小的种子，不同的文献有类似的例子，但是数字略有差异。据报道，24 449 种种子植物的繁殖体重量的变异范围为（$3.0\times10^{4}$）～（$2.05\times10^{7}$）mg，最小的是兰科蕾丽兰（*Laelia undulata*）和列当科黑蒴属（*Alectravogelii*）植物，最大的是棕榈科海椰子（Díaz et al., 2016）。

在区域和群落水平上，种子大小的研究报道较多。墨西哥塔毛利帕荆棘灌丛（*Tamaulipan thornscrub*）111 种植物的种子变异范围在 0.03 ～ 598 mg，跨越 5 个数量级（Jurado et al., 2001）。印第安纳沙丘区 113 科 507 属 648 种被子植物区系的种子重量跨越 14 个重量级（Mazer, 1989）。

种子的大小具有一定的生物学意义，也与其他植物性状相关联。在考察种子性状与最大树高的关系时，常采用一维性状——种子长度，而不是采用与三维体积关联的种子重量。在动物中，成年个体越大，后代也越大，两者呈等比例关系。为考察植物中是否存在这种关系，Aarssen（2005）利用美国和加拿大植物区系中的 599 种植物种子长度和最大高度数据进行相关分析。结果表明，599 种植物种子的长度和最大高度线性关系的斜率为 0.43，但在不同数据区间线性关系的斜率不同：90% 的较小种子，斜率小，为 0.27；10% 的较大种子，斜率大，为 0.75。Aarssen 将植物种子的长度和最大高度的这种关系称为不成比例（disproportionate）或异速生长（allometric）的关系。为解释这种关系，其提出了以下 6 种假说：

● 大种子劣势假说（Large seed disadvantage hypothesis）。K- 选择倾向于大植株和大种子，但按其他选择机制，大种子不利，两种选择相冲突。虽然大种子可能具有更强的竞争力，但扩散更难，易被种子捕食者发现。

● 弱相关选择假说（Weakly-correlated selection hypothesis）。K- 选择倾向于大植株和大种子，但大种子也受到附加选择机制的青睐（如对耐旱性、贫瘠土壤或草食性的选择），其强度可能与跨生境的 K- 选择缺乏相关性。尽管大种子在结构上依赖于大植株，但弱相关选择会限制这种关系的显著性，因而检测斜率达到 1.0（比例关系）的概率也会受到限制。

● 种子结构约束假设（Seed architectural constraints hypothesis）。K- 选择倾向于大植株和大种子，但种子大小的增加更多地受结构限制，这可能与系统发育约束有关。孢子体世代成体大小的增加一直是陆地植物进化的一个主要趋势，不同物种成体植物大小的增加在很大程度上取决于生长模块（即分生组织）数量的增加。与种子等“单位模块”结构相比，这可能使更大程度的生长模块尺寸增加。在陆地植物中，种子大小的增加可能受一个相反的主要进化趋势的进一步限制：配子体退化，与其对孢子体植物的依赖程度增加相关联。

● 生物机械约束假说（Biomechanical constraints hypothesis）。K- 选择倾向于大植株和大种子，但是种子大小更多地受到支持它的枝条大小的限制，而不是整个植株大小的限制。例如，椰子树有非常大的种子和大的叶子，大概是因为它们主要由主干支撑，而不是靠较小的侧枝支撑。

● 大型植物成本假说（Cost of large plant size hypothesis）。K- 选择倾向于大植株和大种子，但大植物生殖产量增加受不等比例的更高维护成本的限制，可能需要更大比例的非光合组织。较大物种通常具有较低的生殖分配，即生殖分配是异速的，产生大种子的成本不等比例地提高。

● 生育力分配附加假说（Fecundity allocation premium hypothesis）。K- 选择倾向于大植株和大种子，但 K- 选择更倾向于大植株所带来的高生育力。如果大植株的适合度优势更多的是通过高生育力而不是通过种子大小来实现，那么种子大小和数量之间不可避免地存在权衡，跨物种增加植物大小通常应伴随着较小比例的大种子。

关于幼苗类型，有新的划分方法。墨西哥热带雨林的幼苗功能分为 5 类（Ibarra-Manriquez et al., 2001）。分类依据有三：子叶位置（下胚轴长度）、外露程度（种皮覆盖或突破种皮）和功能（光合或贮藏功能）。子叶在地平面上的，称为出土（epigeal）；子叶在地下的，称为留土（hypogeal）。子叶突破种皮外露的，称为显子叶（phanerocotylar）；子叶隐藏在种皮内的，称为隐子叶（cryptocotylar）。在功能上，子叶形态可能是叶状、绿色、具光合功能的器官，也可能是肉质、具有营养储存或胚乳吸收功能的器官。虽然 3 个性状的组合可能有 8 种潜在的幼苗类型，但只识别出以下 5 种幼苗类型：

● 出土叶状显子叶（PEF），如茜草科九节属（*Psychotriafaxlucens*）；
● 出土肉质显子叶（PER），如豆科刺桐属（*Erythrina folkersii*）；
● 留土肉质显子叶（PHR），如豆科含羞树（*Cojobaarborea*）；
● 留土肉质隐子叶（CHR），如桑科双球桑属（*Pseudolmediaoxyphyllaria*）；
● 出土肉质隐子叶（CER），如大戟科脐戟属（*Omphalea oleifera*）。

## 注释 [11]

中国 753 种陆地植物叶片 N 质量分数的变化范围为 8 ～ 50 mg/g，几何平均数为 18.6 mg/g，众数为 16.4 mg/g，中位数为 18.4 mg/g（Han et al., 2005）。在中国东部（18.39°～ 52.32° N），叶片 N 质量分数的变化范围为 2.17 ～ 52.61 mg/g，平均数为 19.09 mg/g，众数为 9.25 mg/g，中位数为 17.39 mg/g（任书杰等 , 2007）。全球 12 055 种植物叶片 N 质量分数的平均数为 18.93 mg/g，分功能组、纬度带和区域的叶片 N 质量分数的平均数如表 4 ～表 6 所示。142 个地点叶片 N 质量分数的平均数为 18.5 mg/g，几何平均数为 17.8 mg/g，中位数为 18.8 mg/g（Tian et al., 2018）。

**表 4　不同区域植物的 N、P 化学计量性状**

| 区域 | 物种数 | 叶片 N 质量分数平均数 / (mg/g) | 叶片 P 质量分数平均数 / (mg/g) | N/P 比平均数 |
|---|---|---|---|---|
| 全球 | 12 055 | 18.94 | 1.20 | 15.8 |
| 北美 | 706 | 18.48 | 1.46 | 12.7 |
| 欧洲 | 1 852 | 20.79 | 1.54 | 13.5 |
| 亚洲 | 7 951 | 19.33 | 1.25 | 15.5 |

| 区域 | 物种数 | 叶片 N 质量分数平均数 /（mg/g） | 叶片 P 质量分数平均数 /（mg/g） | N/P 比平均数 |
|---|---|---|---|---|
| 大洋洲 | 380 | 10.01 | 0.46 | 21.5 |
| 非洲 | 100 | 10.32 | 0.51 | 20.4 |
| 南美洲 | 942 | 18.51 | 0.69 | 26.7 |

表 5　不同纬度带植物的 N、P 化学计量性状

| 纬度带 | | 物种数 | 叶 N 质量分数平均数 /（mg/g） | 叶 P 质量分数平均数 /（mg/g） | N/P 比平均数 |
|---|---|---|---|---|---|
| 纬度带所有植物 | 0°～25°（热带） | 2 278 | 17.41 | 0.83 | 21.0 |
| | 25°～50°（温带） | 8 225 | 19.24 | 1.28 | 15.1 |
| | ＞50°（寒带） | 1 470 | 19.83 | 1.49 | 13.2 |
| 按常绿阔叶植物分纬度带 | 0°～25°（热带） | 1 679 | 17.01 | 0.78 | 21.9 |
| | 25°～50°（温带） | 1 350 | 13.78 | 0.76 | 18.2 |
| | ＞50°（寒带） | 219 | 15.23 | 1.27 | 12.0 |
| 按落叶阔叶植物分纬度带 | 0°～25°（热带） | 313 | 19.77 | 1.10 | 18.0 |
| | 25°～50°（温带） | 4 218 | 21.06 | 1.35 | 15.6 |
| | ＞50°（寒带） | 469 | 22.89 | 1.81 | 12.6 |
| 按草本植物分纬度带 | 25°～50°（温带） | 2 039 | 22.38 | 1.74 | 12.9 |
| | ＞50°（寒带） | 673 | 20.08 | 1.39 | 14.3 |

表 6　不同功能组植物的 N、P 化学计量性状

| 功能组 | 物种数 | 叶片 N 质量分数平均数 /（mg/g） | 叶片 P 质量分数平均数 /（mg/g） | N/P 比平均数 |
|---|---|---|---|---|
| 所有植物 | 12 055 | 18.93 | 1.20 | 15.8 |
| 草本 | 2 776 | 21.72 | 1.64 | 13.3 |
| 木本 | 8 888 | 18.22 | 1.10 | 16.6 |
| 针叶树 | 526 | 12.13 | 0.98 | 12.4 |
| 落叶阔叶植物 | 5 035 | 21.13 | 1.37 | 15.4 |
| 常绿阔叶植物 | 3 267 | 15.45 | 0.79 | 19.5 |

## 注释 [12]

中国 753 种陆地植物叶片 P 质量分数的变化范围为 0～5 mg/g，几何平均数为 1.21 mg/g，众数为 0.77 mg/g，中位数为 1.20 mg/g（Han et al., 2005）。中国东部叶片 P 质量分数的变化范围为 0.10～10.27 mg/g，平均数为 1.56 mg/g，众数为 1.2 mg/g，中位数为 1.23 mg/g（任书杰等，2007）。全球 12 055 种植物叶片 P 质量分数的平均数为 1.20 mg/g，分功能组、纬度带和区域的叶片 P 质量分数的平均数如表 4～表 6 所示。142 个地点叶片 P 质量分数的平均数为 1.24 mg/g，几何平均数为 1.13 mg/g，中位数为 1.18 mg/g；叶片 N/P 比的平均数为 16.5 mg/g，几何平均数为 15.8 mg/g，中位数为 15.7 mg/g（Tian et al., 2018）。

按区域和功能组植物来考察叶 N、P 化学计量性状还有其他报道（Güsewell, 2004），见表 7。

表 7　不同区域和功能组植物的 N、P 化学计量性状

| 区域 | 功能组 | 叶片 N 质量分数平均数 /（mg/g） | 叶片 P 质量分数平均数 /（mg/g） | N/P 比 |
|---|---|---|---|---|
| 世界 | 常绿木本 | 13.7 | 1.02 | 13.4 |
| | 落叶木本 | 22.2 | 1.60 | 13.9 |
| | 双子叶草本 | 22.2 | 1.86 | 11.9 |
| | 单子叶草本 | 16.0 | 0.95 | 17.8 |
| 地中海地区 | 常绿木本 | 10.3 | 0.62 | 16.6 |
| | 落叶木本 | 23.0 | 1.53 | 15.1 |
| | 草本 | 17.5 | 1.25 | 14.0 |
| 温带 | 木本（灌木） | 18.0 | 1.46 | 12.5 |
| | 双子叶草本 | 32.3 | 3.14 | 10.9 |
| | 单子叶草本 | 21.6 | 2.23 | 10.2 |
| 欧洲湿地 | 常绿木本（灌木） | 13.6 | 0.73 | 18.6 |
| | 双子叶草本 | 14.8 | 1.46 | 10.3 |
| | 单子叶草本 | 11.5 | 0.89 | 12.9 |

综合上述分析，本书对植物叶 N、P 质量分数和 N/P 比大小进行了如表 8 所示的分级：①N 含量以全球 12 055 种植物叶 N 质量分数平均数 18.93（≈19）mg/g 为中等级的中间值，以该中间值的 20%（3.8）为步长，分别导出其他等级；②P 含量以全球 12 055 种植物叶 P 质量分数平均数 1.20 为中等级的中间值；③N/P 比以 16 为中等级的中间值。

表 8　植物叶片 N 质量分数、P 质量分数和 N/P 比大小分级

| | N | P | N/P 比 |
|---|---|---|---|
| Ⅰ级：极小 | ＜ 5.7 | ＜ 0.36 | ＜ 4.8 |
| Ⅱ级：很小 | 5.7 ～ 9.5 | 0.36 ～ 0.6 | 4.8 ～ 8 |
| Ⅲ级：小 | 9.5 ～ 13.3 | 0.6 ～ 0.84 | 8 ～ 11.2 |
| Ⅳ级：较小 | 13.3 ～ 17.1 | 0.84 ～ 1.08 | 11.2 ～ 14.4 |
| Ⅴ级：中等 | 17.1 ～ 20.9 | 1.08 ～ 1.32 | 14.4 ～ 17.6 |
| Ⅵ级：较大 | 20.9 ～ 24.7 | 1.32 ～ 1.56 | 17.6 ～ 20.8 |
| Ⅶ级：大 | 24.7 ～ 28.5 | 1.56 ～ 1.8 | 20.8 ～ 24.0 |
| Ⅷ级：很大 | 28.5 ～ 32.3 | 1.8 ～ 2.04 | 24.0 ～ 27.2 |
| Ⅸ级：极大 | ＞ 32.3 | ＞ 2.04 | ＞ 27.2 |

## 注释 [13]

丹麦植物学家劳恩凯尔（Christen C. Raunkiær）首先提出了植物生活型（plant life-form, PLF）分类系统，其论著先后于 1904 年、1908 年、1909 年、1913 年和 1934 年以不同的语言出版，直到 1934 年英文著作《植物生活型与统计植物地理学》（*The life-forms of plants and statistical plant geography*）的出版，该分类系统才被学术界广为接受。劳恩凯尔的植物生活型划分的主要依据是植物度过不利生长时期的关键性状，尤其是芽的位置。主要分为以下类型：

● 高位芽植物（phanerophytes）：木质茎和芽高于土壤 25 cm，能适应局域环境的极端湿度和温度。根据芽的位置，高位芽植物又可进一步细分：①大高位芽植物（megaphanerophytes/metaphanerophytes），高＞ 30 m；②中高位芽植物（mesophanerophytes），高 8 ～ 30 m；③小高位芽植物（microphanerophytes），高 2 ～ 8 m；④矮高位芽植物（nanophanerophytes），树高＜ 2 m；⑤肉质茎高位芽植物（phanerophytes with succulent stems），符合高位芽植物的定义，但具有肉质茎。

● 地上芽植物（chamaephytes）：芽的位置低于 25 cm，但处于地面之上，利用近地面的小气候来度过不利存活期。

● 地面芽植物（hemicryptophytes）：多年生芽靠近地面并被凋落物覆盖。

● 隐芽植物（cryptophytes）：芽或分生组织位于地下或水下，又可细分为地下芽植物（geophytes）、沼生植物（helophytes）、水生植物（hydrophytes）。

● 一年生植物（therophytes）：当年结籽，利用种子度过不利存活期。

● 附生植物（epiphytes）：如附生苔藓和蕨类。

劳恩凯尔的植物生活型分类系统也称为植物生活型谱（plant life-form spectrum）。总体而言，其包括 6 个大类，其中高位芽植物包括 5 个小类，隐芽植物包括 3 个小类。

对于森林植被，劳恩凯尔的植物生活型分类系统是好用的。然而对于生长条件严酷的植被类型，特别是以地面低矮植物为主的植物群落，该系统是不适合的。在热带安第斯山脉林木线交错带，植物生活型被分为以下 9 种（Arzac et al., 2019）：① 无茎莲座（acaulescent rosettes, AR）；②柔毛型有茎莲座（caulescent pubescent rosettes，CPR）；③非柔毛型有茎莲座（caulescent non-pubescent rosettes，CNR）；④线叶型硬叶灌木（leptophyllous sclerophyllous shrubs, LSS），叶面积＜ 0.2 $cm^2$；⑤微叶型硬叶灌木（nanophyllous sclerophyllous shrubs，NSS），叶面积为 0.2 ～ 2 $cm^2$；⑥小叶型硬叶灌木（microphyllous sclerophyllousshrubs，MSS），叶面积为 2 ～ 20 $cm^2$；⑦丛生禾草（tussock grasses，TG）；⑧非禾草本（forbs, F）；⑨乔木（trees, T）。

也有学者同时应用生长型（乔木、灌木、草本、藤本）和生活型两套性状（Das et al., 2020）。此外，Díaz（2016）将生活型认定为一种功能性状，并分为 6 级：高位芽植物、地上芽植物、地面芽植物、隐芽植物、一年生植物和藤本。

植物生活型广泛应用于生物地理学、植被科学、植物群落学和植物区系学等方面，如祁连山植物群落（Wang et al., 2003）、希腊克里特岛植物区系（Lazarina et al., 2019）、巴西矿区植物（Messias et al., 2011）和草地（Mota et al., 2018），印度森林群落（Arila & Gupta, 2016; Shahid & Joshi, 2016）和高寒草甸（Vashistha et al., 2011）。

本书采用 Díaz（2016）的体系，将生活型分为 6 级：高位芽植物、地上芽植物、地面芽植物、隐芽植物、一年生植物和藤本。其中，高位芽植物又作如下划分：①大高位芽植物，高＞ 30 m；②中高位芽植物，高 8 ～ 30 m；③小高位芽植物，高 2 ～ 8 m；④矮高位芽植物，树高＜ 2 m。

## 注释 [14]

森林动态样地根据实测数据来定义稀有树种。在马来西亚帕索（Pasoh），273 个树种的密度＜ 1 株 /hm$^2$，24 个树种在 50 hm$^2$ 中只有 1 株；在巴拿马巴罗科罗拉多岛（Barro Colorado Island, BCI），111 个树种的密度＝ 1 株 /hm$^2$，25 个树种每 50 hm$^2$ 只有 1 株（Condit, 1995）。Hubbell（2013）重申和明确了热带森林大样地稀有种和常见种的界限：根据 10 ～ 50 hm$^2$ 热带森林样地的树木编目数据，一个方便的比较规则是将平均丰度＜ 1 株 /hm$^2$ 的物种与那些≥ 1 株 /hm$^2$ 的物种进行对比，将第一类物种称为稀有物种，第二类称为常见物种。Hubbell 还应用物种丰度级（species abundance class）进行树种丰度分布模拟，设置了 30、100、300、1 000、3 000、10 000 和 30 000 共 7 个等级。不同植物群落的丰度分布情况可能不同。德国北部草本植物群落大小分为 8 个等级：1、2 ～ 5、6 ～ 25、26 ～ 50、51 ～ 100、101 ～ 1 000、1 001 ～ 10 000、10 001 ～ 100 000（Matthies et al., 2004）。武夷山和黄山森林样地的树种密度分为 3 级：将每公顷个体数不多于 1 株的物种定义为稀有种，2 ～ 10 株的为偶见种，多于 10 株的为常见种（丁晖等 , 2015；2016）。

对于稀有树种，其稀有特征具有多样性，因而有学者对植物稀有类型进行了划分。根据北美植物区系特征，Rabinowitz（1981）最早提出了 7 种稀有类型（seven forms of rarity）。划分依据有 3 点：①分布区大小；②生境宽窄；③ 局域种群大小。这 3 个指标形成了 8 种组合（表 9），其中 1 种组合为常见种（分布区大，在多个生境局域丰富），其余 7 种组合为稀有种。

表 9　北美植物的稀有类型

| 局域种群大小 | 分布区大 | | 分布区小 | |
|---|---|---|---|---|
| | 生境宽 | 生境窄 | 生境宽 | 生境窄 |
| 种群大、占优势 | 分布区大，在多个生境局域丰富 | 分布区大，在特定单一生境局域丰富 | 分布区小，在多个生境局域丰富 | 分布区小，在特定单一生境局域丰富 |
| 种群小、不占优势 | 分布区大，在多个生境稀有 | 分布区大，在特定单一生境稀有 | 分布区小，在多个生境稀有 | 分布区小，在特定单一生境稀有 |

Pitman 等（1999）在研究亚马孙森林树种分布时进一步细化了 Rabinowwitz 的稀有类型划分依据。在局域种群大小方面，定义“局域稀有”为局域丰度≤ 1 株 /hm$^2$，“局域丰富”为局域丰度＞ 1 株 /hm$^2$；在生境宽窄（也称生境特异性）方面，定义“生境局限”为出现在 1 个或 2 个调查样方，“生境广泛”为出现在 3 个或 3 个以上调查样方；在分布区大小方面，定义仅限于马德雷德迪奥斯热带雨林秘鲁部分的为“分布区小”，超越该区域大小的为“分布区大”。

Caiafa 和 Martins（2010）在研究巴西南部大西洋雨林时采用了一套新名词，分别用“eurytopic”和“stenotopic”表示（地理分布）“广域”和“狭域”；用“euryecious”和“stenoecious”表示“多生境”和“单生境”；用“locally abundant”和“locally scarce”表示“局域丰富”和“局域稀有”。他们还对分布区、生境特性和局域种群大小 3 个变量的定义进行了优化。关于分布区，广域分布物种出现在 3 个或 3 个以上纬度带，以 2° 为 1 个纬度带，3 个纬度带范围即纬向 4° ～ 6° 或 440 ～ 660 km；狭域分布物种出现在 2 个纬度带以内，即纬向不超过 4° 或 440 km 范围。关于生境特性（生境偏好），划分低地（＜ 100 m）、低山（100 ～ 600 m）、山地（600 ～ 2 000 m）和高山（＞ 2 000 m）4 个森林群系，仅分布 1 个群系的为单生境，出现 1 个以上群系的为多生境。关于局域种群大小，遵循 Pitman 等（1999）的原则，并引入单个体物种（singletons）和双个体物种（doubletons）的理论，稀有指只有 2 个及 2 个以下个体的物种，丰富指包含 3 个或 3 个以上个体的物种。巴西雨林植物稀有性分级见表 10。

**表 10　巴西雨林植物稀有性分级**

| 地理分布 | 广泛 | | 局限 | |
|---|---|---|---|---|
| 生境偏好 | 多 | 单 | 多 | 单 |
| 丰富种群 | 广布 | 类型 2 | 类型 4 | 类型 6 |
| 稀有种群 | 类型 1 | 类型 3 | 类型 5 | 类型 7 |

Choe 等（2019）按 Rabinowitz 的分级框架研究了韩国植物的稀有性分级，采用了最大距离（$D_{max}$）、最小距离平均值（$D_{min}$）和生境特性 3 个指数来量化分布区大小、局域种群大小和生境偏好 3 个变量，提出了一套有特色的植物稀有性分级方案（表 11）。

**表 11　韩国植物稀有性分级**

| 分布区 | 生境特性 | 丰度 | 编码 |
|---|---|---|---|
| 狭域 | 局限 | 小 | N/R/S |
| | | 大 | N/R/L |
| | 广泛 | 小 | N/B/S |
| | | 大 | N/B/L |
| 广域 | 局限 | 小 | W/R/S |
| | | 大 | W/R/L |
| | 广泛 | 小 | W/B/S |
| | | 大 | 常见（W/B/L） |

注：N- 狭域，W- 广域，R- 局限，B- 广泛，S- 小，L- 大。

根据上述分析，提出中国中亚热带森林动态样地树种密度级划分方案（表 12）。

**表 12　中国中亚热带森林植物密度分级**

| 密度级 | 局域密度（LD）/（株 /hm$^2$） | 描述 | |
|---|---|---|---|
| Ⅰ级 | LD ≤ 1 | 稀有 | 稀有种 |
| Ⅱ级 | 1 ＜ LD ≤ 10 | 偶见 | 偶见种 |
| Ⅲ级 | 10 ＜ LD ≤ 100 | 低密度 | 常见种 |
| Ⅳ级 | 100 ＜ LD ≤ 1 000 | 中密度 | |
| Ⅴ级 | 1 000 ＜ LD ≤ 10 000 | 高密度 | |
| Ⅵ级 | LD ＞ 10 000 | 大密度 | |

## 注释 [15]

基因组大小有两种计量方法：一种是 DNA 含量值，单位是 pg（皮克），皮克是克（g）、毫克（mg）、微克（μg）、纳克（ng）之后的最小质量单位，1 pg ＝ $10^{-12}$ g；另一种是碱基对数，单位是 bp，更大的单位有 kb（千）、Mb（兆）和 Gb（千兆）。两种计量的换算方法为 1 pg ＝ 978 Mb（Doležel et al., 2003）。

不同生物类群基因组大小变化的范围巨大。真核生物为 64 000 倍，陆地植物为 2 400 倍。真核生物最小的基因组是哺乳动物寄生虫（*Encephalitozoon intestinalis*）（1C ＝ 0.0023 Gb ＝ 2.3 Mb），最大的基因组是被子植物日本重楼（*Paris japonica*）（1C ＝ 148 851 Mb），变化范围大约为 6.4 万倍。

陆地植物最小基因组如螺旋狸藻（*Genlisea tuberosa*）（1C = 61 Mb）和一种卷柏（*Selaginella selaginoides*）（1C = 78 Mb），最大基因组也是日本重楼（Pellicer et al., 2018）。真核生物大基因组的例子较多。人类基因组大小约为 3 Gb（千兆），比人类基因组大数十倍的真核生物大基因组（1C > 100 Gb）有被子植物日本重楼（148.8 Gb）、日本杂种延龄草（*Trillium hagae*, 129.5 Gb）、堪察加延龄草（*Trillium rhombifolium*, 109.0 Gb）、绿贝母（*Fritillaria elwesii*, 101.4 Gb）和白果槲寄生（*Viscum album*, 100.6 Gb），蕨类植物斜叶梅西蕨（*Tmesipertis obliqua*, 147.3 Gb），脊椎动物非洲肺鱼（*Protopterus aethiopicus*, 130 Gb）、南美肺鱼（*Lepidosiren paradoxa*, 121.2 Gb）、纽斯河泥螈（*Necturus lewisi*, 118.0 Gb）和小泥螈（*Necturus punctatus*, 116.6 Gb）。150 Gb 被认为是基因组的上限，并有多种解释（Hidalgo et al., 2017）。

由于植物学家的合作，全球植物基因组大小数据库已经建立，即植物 DNA C 值数据库。其最早版本是在 2001 年释放的，至今已经有 7 个版本了，最新版本（release 7.1）已于 2019 年公布。该数据库包含 12 273 种植物的数据，比 2012 版新增 3 763 种。被子植物有 10 770 种，约占 369 434 种现存植物的 3%；有 2 118 属，占 14 000 个现存属的 15%；有 262 科，占 416 科的 63%；有 58 目，占 62 目的 94%。被子植物的种名保留了原来的名称，但较高分类等级采用 APG Ⅳ系统。此外，还有裸子植物 421 种，蕨类植物 303 种（其中单系蕨类 246 种、石松类 57 种），苔藓 334 种（其中藓 184 种、苔 102 种、角苔 23 种）。在 11 000 种单系蕨类中，新发现的斜叶梅西蕨（*Tmesipteris obliqua*）具有大基因组 146 500 Mb/1C，该类群基因组大小变化范围拓展到 196 倍。苔藓植物也具有偏大的范围较宽的基因组大小变化范围（i.e. 156 ～ 19 560 Mb/1C）（Pellicer & Leitch, 2020）。

根据该数据库，陆地植物中被子植物的变异范围最大，极小值和极大值均出现在该类群。裸子植物的基因组整体较大，平均值、中值和众数都是最大的，而苔藓植物的基因组整体较小。关于基因组大小，研究较多的是裸子植物，已经有报道的物种达到 41%（Pellicer et al., 2018）。全球陆地植物基因组大小见表 13。

**表 13　全球陆地植物基因组大小**

| 类群 | 极小值 / Mb | 极大值 / Mb | 平均值 / Mb | 众数 / Mb | 中值 / Mb | 极差 / Mb | 倍数 / 倍 | 估计数 / 种 | 观察数 / 种 | 百分比 / % |
|---|---|---|---|---|---|---|---|---|---|---|
| 苔藓 | | | | | | | | | | |
| 角苔 | 156 | 714 | 244 | 176 | 205 | 558 | 4 | 250 | 23 | 9.2 |
| 苔 | 206 | 20 010 | 1 844 | 740 | 751 | 19 804 | 97 | 5 000 | 102 | 2.0 |
| 藓 | 170 | 2 004 | 504 | 442 | 433 | 1 834 | 12 | 12 000 | 184 | 1.7 |
| 蕨类 | | | | | | | | | | |
| 石松 | 78 | 11 704 | 1 165 | 117 | 127 | 11 626 | 150 | 900 | 57 | 6.3 |
| 单系蕨 | 748 | 147 297 | 14 320 | 12 073 | 11 110 | 146 549 | 196 | 11 000 | 246 | 2.2 |
| 种子植物 | | | | | | | | | | |
| 裸子植物 | 2 201 | 35 208 | 17 947 | 21 614 | 21 614 | 33 007 | 16 | 1 026 | 421 | 41.0 |
| 被子植物 | 61 | 148 852 | 5 020 | 587 | 1663 | 148 791 | 2 440 | 352 000 | 10 768 | 3.1 |

注：倍数＝极大值 / 极小值；估计种数，该类群估计的种数；观察种数，具有 DNA C 值的种数；百分比＝（观察种数 / 估计种数）×100%。

陆地植物的 DNA 1C 值分为 5 个等级：很小，1C ≤ 1.4 pg；小，1.4 < 1C ≤ 3.5 pg；中，3.5 < 1C < 14.0 pg；大，14.0 ≤ 1C < 35.0 pg；很大，1C ≥ 35.0 pg（Leitch et al., 2005）。或者按 DNA 2C 值分为 5 个等级：很小，2C ≤ 2.8 pg；小，2.8 < 2C ≤ 7 pg；中，7 < 2C < 28 pg；大，28 ≤ 2C < 70 pg；很大，2C ≥ 70 pg（Hidalgo et al., 2015）。按照 1 pg = 978 Mbp 转换率（Doležel et al., 2003），DNA 单倍基因组大小划分为 5 级：很小，1C ≤ 1 369 Mb；小，1 369 Mb < 1C ≤ 3 423 Mb；中，3 423 Mb < 1C < 13 692 Mb；大，13 692 Mb ≤ 1C < 34 230 Mb；很大，1C ≥ 34 230 Mb。基于前人的研究工作，我们将陆地植物的 DNA 1C 值划分为 6 级（表 14）。

**表 14　陆地植物的 DNA 1C 值分级**

| 等级 | 碱基对数 /Mb | 描述 |
|---|---|---|
| Ⅰ级 | 1C ≤ 10 | 极小 |
| Ⅱ级 | 10 Mb < 1C ≤ 100 | 很小 |
| Ⅲ级 | 100 Mb < 1C ≤ 1 000 | 小 |
| Ⅳ级 | 1 000 Mb < 1C ≤ 10 000 | 中 |
| Ⅴ级 | 10 000 Mb < 1C ≤ 100 000 | 大 |
| Ⅵ级 | 1C > 100 000 | 很大 |

## 注释 [16]

陆地植物的叶绿体基因组信息增强了我们对叶绿体生物学、细胞内基因转移、保守和多样性的理解。叶绿体基因组研究的快速进展得益于测序技术的进展。最初采用滚环扩增法（rolling circle amplification）来扩增叶绿体基因组，或者以叶绿体基因组序列作为探针筛选细菌人工染色体（BAC）或 fosmid 文库。这些方法都有局限性，技术难度大、费工时、易污染。下一代测序（NGS）方法提供了更快、更便宜的叶绿体基因组测序方法。最常用的平台是 Illumina，可直接进行从头组装（denovo assembly），而不需要参考基因组序列。第三代测序仪 PacBio 系统采用单分子实时（SMRT）测序，已广泛应用于叶绿体基因组测序（Daniell et al.，2016）。

陆地植物的叶绿体基因组结构具有高度保守性。它由一个环形分子组成，含 4 个部分，即 2 个倒位重复区（inverted repeat，IR）、1 个大单拷贝区（large single-copy，LSC）和 1 个小单拷贝区（small single-copy，SSC）。然而，在玉米中也存在线性叶绿体基因组（Oldenburg & Bendich, 2016）。

叶绿体基因组包括 120 ～ 130 个基因，主要参与光合作用、转录和翻译。大致分为以下 12 类（Logacheva et al., 2016）：①核糖体蛋白基因（小亚基），如 rps2、rps3、rps4、rps7、rps8、rps11、rps12、rps14、rps15、rps16、 rps18、rps19 等；②核糖体蛋白基因（大亚基），如 rpl2、rpl14、rpl16、rpl20、rpl22、rpl23、rpl32、rpl33、rpl36 等；③核糖体 RNA 基因，如 rrn16、rrn23、rrn5、rrn4.5 等；④转移 RNA 基因，如 trnA-UGC、trnC-GCA、trnD-GUC、trnE-UUC、trnG-GCC、trnG-UCC, trnH-GUG、trnI-CAU、trnI-GAU、trnK-UUU、trnL-CAA、trnL-UAA、trnL-UAG、trnM-CAU、trnN-GUU、trnP-UGG、trnQ-UUG、trnR-ACG、trnR-UCU、trnS-GCU、trnS-GGA、trnS-UGA、trnT-GGU, trnT-UGU、trnV-GAC、trnV-UAC、trnW-CCA、trnY-GUA 等；⑤光系统 Ⅰ 基因，如 psaA、psaB、psaC、psaI、psaJ 等；⑥光系统 Ⅱ 基因，如 psbA、psbB、psbC、psbD、psbE、psbF、psbH、psbI、psbJ、psbK、psbL、psbM、psbN、psbT、psbZ 等；⑦细胞色素 b6/f 复合体基因，如 petA、petB、petD、petG、petL、petN 等；

⑧其他光合作用基因，如 rbcL、ccsA、ycf3、ycf4 等；⑨ NAD（P）H 脱氢酶复合体基因，如 ndhA、ndhB、ndhC、ndhD、ndhE、ndhF、ndhG、ndhH、ndhI、ndhJ、ndhK 等；⑩ RNA 聚合酶基因，如 rpoA、rpoB、rpoC1、rpoC2 等；⑪ ATP 合酶基因，如 atpA、atpB、atpE、atpF、atpH、atpI 等；⑫其他基因，如 matK、infA、accD、clpP 等。

叶绿体基因组大小存在种间变异，变异范围在 107（银杉）～ 218（天竺葵）kb（ Lin et al., 2010；Chumley et al., 2006），并且与核基因组大小无关。除了银杉（*Cathaya argyrophylla*, 107 122 bp），裸子植物中小叶绿体基因组的例子还有红松（*Pinus koraiensis*, 117 190 bp）、铁坚油杉（*Keteleeria davidiana*, 117 720 bp）和雪松（*Cedrus deodara*, 119 299 bp）（Lin et al., 2010）。

植物细胞包含细胞核、线粒体和质体 3 种不同的基因组。叶绿体至细胞核和叶绿体至线粒体的基因转移现象普遍存在。线粒体是通过摄取蛋白细菌而从单一内共生事件进化而来的，而叶绿体则是从蓝藻的内共生进化而来的，叶绿体基因大量转移到细胞核。不同细胞器有各自的翻译系统：核编码基因在细胞质中被翻译，蛋白质产物被运送到起作用的地方，包括叶绿体（Li & Chiu, 2010）；叶绿体编码的蛋白质则直接在叶绿体内合成，参与光合作用或蛋白质合成的多亚基功能性蛋白质复合体也在叶绿体内组装。

在早期分化被子植物和基部真双子叶植物中，基因和内含子含量高度保守，但在单子叶植物和真双子叶植物中存在独立的基因和内含子丢失事件（Jansen et al., 2007）。NAD（P）H 脱氢酶复合体由植物叶绿体基因组中的 11 个 ndh 基因编码。在自养的树兰亚科中，ndh 基因被截短或完全缺失，有些转移到线粒体（Lin et al., 2015）中。在蔷薇分支中，豆科和壳斗科植物的 rpl22 分别独立地转移到细胞核（Jansen et al., 2011）中。

叶绿体基因组也被称为质体基因组，30 年来对质体基因组的报道不断增加。根据现有质体基因组的报道，单系蕨类植物有 50 种，裸子植物有 110 种，被子植物有 2 000 种（Mower &Vickrey, 2018）。

已发表的异养植物质体基因组（plastome）超过 75 种，既有兼性异养，也有完全异养。异养生物质体基因组的大小范围在 11 ～ 161 kb。以下进行异养方式的植物研究案例值得关注：樟科无根藤属（*Cassytha*）（Song et al., 2017; Wu et al., 2017）；兰科树兰族的珊瑚兰属（*Corallorhiza*）（Barrett et al., 2014），鸟巢兰族的无叶兰属（*Aphyllorchis*）、头蕊兰属（*Cephalanthera*）和鸟巢兰属（*Neottia*）（Feng et al., 2016）；杜鹃花科水晶兰（*Monotropa uniflora*）和松下兰属（*Hypopitysmonotropa*）（Logacheva et al., 2016）；鹿蹄草科喜冬草（*Chimaphila japonica*）（Yu et al., 2017a）；列当科火焰草（*Castilleja paramensis*）（Fan et al., 2016）；檀香目沙针属（*Osyris*）和槲寄生属（*Viscum*）（Petersen et al., 2015）。

综上所述，叶绿体基因组性状的基本特征和主要参数包括 IRa、IRb、LSC 和 SSC 四元结构的完整性，序列总长和分区序列长度，GC 含量，基因总数及各类别数量。

## 注释 [17]

按有关文献划分为药用植物、食用植物、芳香植物、油脂植物、纤维植物、淀粉植物、树脂植物、鞣料植物、色素植物、材用植物和观赏植物 11 类（廖浩斌等，2011）。

判定资源类型需要提供文献依据或科学数据。例如，某种植物被判断为淀粉植物，需要指出前人已经判断为淀粉植物的文献依据，或者根据文献中淀粉含量数据新判断为淀粉植物。一种植物可以有一种以上的资源类型。

## 四、数据来源

本书的主体数据来源于以下 6 个方面：①武夷山调查数据；②郭晓旭的《武夷山常绿阔叶林树种生态化学计量分析》（南京林业大学硕士论文，2020）；③李小东的《黄山常绿阔叶林树种基因组大小与表型分析》（南京林业大学硕士论文 , 2019）；④许宝坤的《黄山常绿阔叶林 84 个树种的功能性状分析》（南京林业大学硕士论文 , 2019）；⑤王挺的《安徽牯牛降自然保护区常绿阔叶林繁育系统的研究》（南京林业大学硕士论文 , 2009）；⑥王四川的《安徽牯牛降常绿阔叶林种子生态学研究》（南京林业大学硕士论文 , 2009）。主体数据为本团队历年调查、观测和积累的资料，在单个物种的说明中不再一一引证。

知识点中的“1.1 中文名称”、“1.2 拉丁学名”、“2.1 系统位置”、“2.2 非正规类群名称”、“3.1 鉴定特征”、“3.2 比较辨别”、“4.1 地理成分”、“4.2 范围大小”和“4.3 地理位置”，以及其他知识点的部分内容，在注释中已经统一引证了文献，在单个物种的说明中也不再一一引证。

凡非上述来源的其他数据或证据，均列出了参考文献，并加以引证。

凡全球或区域性数据库能查询到的数据，如叶绿体基因组序列、DNA 1C 值和其他功能性状，可采用这些公共数据，但需要加以引证。当主体数据源具有这些数据时，不再用公共数据。

## 五、参考文献


丁晖 , 方炎明 , 杨青 , 等 . 武夷山中亚热带常绿阔叶林样地的群落特征 [J]. 生物多样性 , 2015, 23(4): 479-492.

丁晖 , 方炎明 , 杨新虎 , 等 . 黄山亚热带常绿阔叶林的群落特征 [J]. 生物多样性 , 2016, 24(8): 875-887.

丁晖，陈水飞，徐辉，等 . 2013—2018 年武夷山亚热带常绿阔叶林乔木层动态 [J]. 生态学报 , 2022, 42(8): 3458-3469.

方炎明 . 森林植被的显花、传粉与繁育系统 [J]. 南京林业大学学报 : 自然科学版 , 2012, 36(6): 1-7.

福建省科学技术委员会 . 武夷山自然保护区科学考察报告集 [M]. 福州 : 福建科学技术出版社，1993: 55-310.

黄力 . 缙云山常绿阔叶林种子生态学研究 [D]. 重庆 : 重庆大学 , 2016.

廖浩斌 , 赖焕武 , 赵晨 , 等 . 广东佛山维管植物资源调查与分析 [J]. 亚热带植物科学 , 2011, 40(1): 45-48.

任书杰 , 于贵瑞 , 陶波 , 等 . 中国东部南北样带 654 种植物叶片氮和磷的化学计量学特征研究 [J]. 环境科学 , 2007, 28(12): 2665-2673.

塔赫他间 A. 世界植物区系区划 [M]. 黄观程 , 译 . 北京 : 科学出版社 , 1988: 1-311.

武夷山市统计局，国家统计局武夷山调查队 . 武夷山市统计年鉴 2022[EB/OL]. (2022-10-28)[2023-07-20]. http://www.wys.gov.cn/cms/pages/430572832469110005/attachments/2022%E5%B9%B4%E7%BB%9F%E8%AE%A1%E5%B9%B4%E9%89%B4.pdf.

武夷山市统计局 . 武夷山市 2022 年国民经济和社会发展统计公报 . [EB/OL]. (2023-03-01)[2023-07-20]. http://www.wys.gov.cn/cms/html/wyssrmzf/2023-03-01/319544671.html.

吴征镒 , 周浙昆 , 李德铢 , 等 . 世界种子植物科的分布区类型系统 [J]. 云南植物研究 , 2003, 25(3): 245-257.

吴征镒 . 中国种子植物属的分布区类型 [J]. 云南植物研究 , 1991(S Ⅳ ): 1-139.

阎恩荣，王希华，郭明，等．浙江天童常绿阔叶林，常绿针叶林与落叶阔叶林的 C：N：P 化学计量特征 [J]. 植物生态学报，2010, 34(1): 48-57.

张宏达．地球植物区系分区提纲 [J]. 中山大学学报（自然科学版），1994, 33(3): 73-80.

张妙弟．中国国家地理百科全书：4 上海、江苏、浙江、福建 [M]. 北京：北京联合出版公司，2016: 140-141.

郑万钧，傅立国．中国植物志（第七卷）[M]. 北京：科学出版社，1978.

Aarssen LW. Why don't bigger plants have proportionately bigger seeds?[J]. Oikos, 2005, 111(1): 199-207.

Abe T. Threatened pollination systems in native flora of the Ogasawara (Bonin) Islands[J]. Annuals of Botany, 2006, 98(2): 317-334.

APG II. An update of the Angiosperm Phylogeny Group classification for the orders and families of flowering plants: APG II[J]. Botanical Journal of the Linnean Society, 2003, 141(4): 399-436.

APG III. An update of the Angiosperm Phylogeny Group classification for the orders and families of flowering plants: APG III[J]. Botanical Journal of the Linnean Society, 2009, 161(2): 105-121.

APG IV. An update of the Angiosperm Phylogeny Group classification for the orders and families of flowering plants: APG IV[J]. Botanical Journal of the Linnean Society, 2016, 181(1): 1-20.

APG. An ordinal classification for the families of flowering plants[J]. Annals of the Missouri Botanical Garden, 1998, 85(4): 531-553.

Arila KE, Gupta A. Life forms and biological spectrum along the altitudinal gradient in Montane Forests of Senapati district of Manipur in Northeast India[J]. Journal of Pleione, 2016, 10(1): 80-89.

Arzac A, Llambí LD, Dulhoste R, et al. Modelling the effect of temperature changes on plant life-form distribution across a treeline ecotone in the tropical Andes[J]. Plant Ecology & Diversity, 2019, 12(6): 619-631.

Baker HG. Seed weight in relation to environmental conditions in California[J]. Ecology, 1972, 53(6): 997-1010.

Barrett CF, Freudenstein JV, Li J, et al. Investigating the path of plastid genome degradation in an early-transitional clade of heterotrophic orchids, and implications for heterotrophic angiosperms[J]. Molecular Biology and Evolution, 2014, 31(12): 3095-3112.

Bernardello G, Anderson GJ, Stuessy TF, et al. A survey of floral traits, breeding systems, floral visitors, and pollination systems of the angiosperms of the Juan Fernández Islands (Chile)[J]. Botanical Review, 2001, 67(3): 255-308.

Caiafa AN, Martins FR. Forms of rarity of tree species in the southern Brazilian Atlantic rainforest[J]. Biodiversity and Conservation, 2010, 19(9): 2597-2618.

Cantino PD, Doyle JA, Graham SW, et al. Towards a phylogenetic nomenclature of Tracheophyta[J]. TAXON, 2007, 56(3): E1-E44.

Chase MW, Reveal JL. A phylogenetic classification of the land plants to accompany APG III[J]. Botanical Journal of the Linnean Society, 2009, 161(2): 122-127.

Chen XS, Li QJ. Patterns of plant sexual systems in subtropical evergreen broad-leaved forests in Ailao Mountains, SW China[J]. Journal of Plant Ecology, 2008b, 1(3): 179-185.

Chen XS, Li QJ. Sexual systems and ecological correlates in an Azonal tropical forests, SW China[J]. Biotropica, 2008a, 40(2): 160-167.

Cheng TL, Weng YH, Yang LM, et al. The chloroplast genome of *Cerasus campanulata* (Maxim.) AN Vassiljeva[J]. Mitochondrial DNA Part B, 2018, 3(1): 222-224.

Choe H, Thorne JH, Hijmans R, et al. Integrating the Rabinowitz rarity framework with a National Plant Inventory in Korea[J]. Ecology and Evolution. 2019, 9(3): 1353-1363.

Christenhusz MJM, Reveal JL, Farjon A, et al. A new classification and linear sequence of extant gymnosperms[J]. Phytotaxa, 2011, 19(1): 55-70.

Chumley TW, Palmer JD, Mower JP, et al. The complete chloroplast genome sequence of *Pelargonium* × *hortorum*: organization and evolution of the largest and most highly rearranged chloroplast genome of land plants[J]. Molecular Biology and Evolution, 2006, 23(11): 2175-2190.

Condit R. Research in large, long-term tropical forest plots[J]. Trends in Ecology and Evolution, 1995, 10(1): 18-22.

Daniell H, Lin CS, Yu M, et al. Chloroplast genomes: diversity, evolution, and applications in genetic engineering[J]. Genome Biology, 2016, 17(1): 1-29.

Daru BH, Elliott TL, Park DS, et al. Understanding the processes underpinning patterns of phylogenetic regionalization[J]. Trends in Ecology & Evolution, 2017a, 32(11): 845-860.

Daru BH, Holt G, Lessard JP, et al. Phylogenetic regionalization of marine plants reveals close evolutionary affinities among disjunct temperate assemblages[J]. Biological Conservation, 2017b, 213: 351-356.

Das DS, Rawat DS, Maity D, et al. Species richness patterns of different life-forms along altitudinal gradients in the Great Himalayan National Park, Western Himalaya, India[J]. Taiwania, 2020, 65(2): 154-162.

Díaz S, Kattge J, Cornelissen JHC, et al. The global spectrum of plant form and function[J]. Nature, 2016, 529(7585): 167-171.

Dickson EE, Arumuganathan K, Kresovich S, et al. Nuclear DNA Content Variation within the Rosaceae[J]. American Journal of Botany, 1992, 79(9): 1081-1086.

Doležel J, Bartoš J, Voglmayr H, et al. Nuclear DNA content and genome size of trout and human[J]. Cytometry, 2003, 51(2): 127-128.

Dong WP, Xu C, Wu P, et al. Resolving the systematic positions of enigmatic taxa: Manipulating the chloroplast genome data of Saxifragales[J]. Molecular Phylogenetics and Evolution, 2018, 126: 321-330.

Fan W, Zhu A, Kozaczek M, et al. Limited mitogenomic degradation in response to a parasitic lifestyle in Orobanchaceae[J]. Scientific Reports, 2016, 6(1), 36285.

Feng YL, Wicke S, Li JW, et al. Lineage-specific reductions of plastid genomes in an orchid tribe with partially and fully mycoheterotrophic species[J]. Genome Biology and Evolution, 2016, 8(7): 2164-2175.

Fu CN, Li HT, Richard M, et al. Comparative analyses of plastid genomes from fourteen Cornales species: inferences for phylogenetic relationships and genome evolution[J]. BMC Genomics, 2017, 18(1): 956.

Fu JM, Liu HM, Hu JJ, et al. Five complete chloroplast genome sequences from *Diospyros*: genome organization and comparative analysis[J]. PLoS One. 2016, 11(7): e0159566.

Gillison AN, Bignell DE, Brewer KRW, et al. Plant functional types and traits as biodiversity indicators for tropical forests: two biogeographically separated case studies including birds, mammals and termites[J]. Biodiversity and Conservation, 2013, 22(9): 1909-1930.

Girao LC, Lopes AV, Tabarelli M, et al. Changes in tree reproductive traits reduce functional diversity in a fragmented Atlantic forest landscape[J]. PLoS One, 2007, 2(9): e908.

Griffiths ME, Lawes MJ. Biogeographic, environmental, and phylogenetic influences on reproductive traits in subtropical forest trees, South Africa[J]. Ecography, 2006, 29(4): 614- 622.

Güsewell S. N : P ratios in terrestrial plants: variation and functional significance[J]. New Phytologist, 2004, 164(2): 243-266.

Haig D, Westoby M. Seed size, pollination costs and angiosperm success[J]. Evolutionary Ecology, 1991, 5(3): 231-247.

Han WX, Fang JY, Guo DL, et al. Leaf nitrogen and phosphorus stoichiometry across 753 terrestrial plant species in China[J]. New Phytologist, 2005, 168(2): 377-385.

Hidalgo O, Garcia S, Garnatje T, et al. Genome size in aquatic and wetland plants: fitting with the large genome constraint hypothesis with a few relevant exceptions[J]. Plant Systematics and Evolution, 2015, 301(1): 1927-1936.

Hidalgo O, Pellicer J, Christenhusz M, et al. Is there an upper limit to genome size?[J]. Trends in Plant Science, 2017, 22(7): 567-573.

Hubbell SP. Tropical rain forest conservation and the twin challenges of diversity and rarity[J]. Ecology and Evolution, 2013, 3(10): 3263-3274.

Ibarra-Manriquez G, Ramos MM, Oyama K. Seedling functional types in a lowland rain forest in Mexico[J]. American Journal of Botany, 2001, 88(10): 1801-1812.

Jansen RK, Cai Z, Raubeson LA, et al. Analysis of 81 genes from 64 plastid genomes resolves relationships in angiosperms and identifies genome-scale evolutionary patterns[J]. PNAS, 2007, 104(49): 19369-19374.

Jansen RK, Saski C, Lee SB, et al. Complete plastid genome sequences of three rosids (*Castanea*, *Prunus*, *Theobroma*): evidence for at least two independent transfers of rpl22 to the nucleus[J]. Molecular Biology and Evolution, 2011, 28(1): 835-847.

Jin L, Liu J, Xiao T, et al. Community phylogenetics require phylogenies reconstructed from plastid genomes[J]. Authorea. April 13, 2021.

Jo S, Kim YK, Cheon SH, et al. Characterization of 20 complete plastomes from the tribe Laureae (Lauraceae) and distribution of small inversions[J]. PLoS One, 2019, 14(11): e0224622.

Jurado E, Estrada E, Moles A. Characterizing plant attributes with particular emphasis on seeds in Tamaulipan thornscrub in semi-arid Mexico[J]. Journal of Arid Environments, 2001, 48(3): 309-321.

Kim Y, Shin J, Oh DR, et al. Complete chloroplast genome sequences of *Vaccinium bracteatum* Thunb. *V. vitisidaea* L. and *V. uliginosum* L. (Ericaceae)[J]. Mitochondrial DNA Part B, 2020, 5(2): 1843-1844.

Lazarina M, Charalampopoulos A, Psaralexi M, et al. Diversity patterns of different life forms of plants along an elevational gradient in Crete, Greece[J]. Diversity, 2019, 11(10): 200.

Leishman MR, Westoby M, Jurado E. Correlates of seed size variation: a comparison among five temperate floras[J]. Journal of Ecology, 1995, 83(3): 517-529.

Leishman MR, Wright IJ, Moles AT, et al. The evolutionary ecology of seed size[M]. Wallingford: CABI publishing, 2000: 31-51.

Leitch IJ, Soltis DE, Soltis PS, et al. Evolution of DNA Amounts across land plants (Embryophyta) [J]. Annals of Botany, 2005, 95(1): 207-217.

Li H, Chiu CC. Protein transport into chloroplasts[J]. Annual Review of Plant Biology, 2010, 61(1): 157-180.

Li R, Qian LS, Sun H. Current progress and future prospects in phylofloristics[J]. Plant Diversity, 2018, 40(4): 141-146.

Li Y, Wang L, Fang YM. The complete chloroplast genome sequence of *Quercus myrsinifolia* (Fagaceae) [J]. Mitochondrial DNA Part B, 2019, 4(2): 3139-3140.

Li Y, Xu W, Zou W, et al. Complete chloroplast genome sequences of two endangered *Phoebe* (Lauraceae) species[J]. Botanical studies, 2017, 58(1): 1-10.

Lin CP, Huang JP, Wu CS, et al. Comparative chloroplast genomics reveals the evolution of Pinaceae genera and subfamilies[J]. Genome Biology and Evolution, 2010, 2(1): 504-517.

Lin CS, Chen JJ, Huang YT, et al. The location and translocation of ndh genes of chloroplast origin in the Orchidaceae family[J]. Scientific Reports, 2015, 5(1): 9040.

Lin WJ, Jiang SZ, Lian H, et al. The complete chloroplast genome sequence of *Alniphyllum fortunei* (Styracaceae) from Fujian, China[J]. Mitochondrial DNA Part B,2021, 6(2): 439-440.

Liu B, Hong D, Zhou S, et al. Phylogenomic analyses of the Photinia complex support the recognition of a new genus *Phippsiomeles* and the resurrection of a redefined *Stranvaesia* in Maleae (Rosaceae)[J]. Journal of Systematics and Evolution, 2019, 57(6): 678-694.

Liu BB, Hong DY, Wen J. Eriobotrya belongs to *Rhaphiolepis* (Maleae, Rosaceae): evidencefrom chloroplast genome and nuclear ribosomal DNA data[J]. Frontiers in Plant Science, 2020(10): 1731.

Liu LX, Rui L, Worth J, et al. The complete chloroplast genome of Chinese Bayberry(*Morella rubra*, Myricaceae): Implications for understanding the evolution of Fagales[J]. Frontiers in Plant Science, 2017(8): 968.

Liu M, Lu JS, Li Y, et al. Complete chloroplast genome of *Engelhardtia fenzlii* (Juglandaceae)[J]. Mitochondrial DNA Part B, 2021, 6(1): 288-289.

Logacheva MD, Schelkunov MI, Shtratnikova VY, et al. Comparative analysis of plastid genomes of non-photosynthetic Ericaceae and their photosynthetic relatives[J]. Scientific Reports, 2016, 6: 30042.

Lopes AV, Girao LC, Santos BA, et al. Long-term erosion of tree reproductive trait diversity in edge-dominated Atlantic forest fragments[J]. Biological Conservation, 2009, 142(6): 1154-1165.

Machado IC, Lopes AV. Floral traits and pollination systems in the Caatinga, a Brazilian tropical dry forest[J]. Annuals of Botany, 2004, 94: 365-376.

Malhado ACM, Malhi Y, Whittaker RJ, et al. Spatial trends in leaf size of Amazonian rainforest trees[J]. Biogeosciences, 2009, 6(8): 1563-1576.

Matthies D, Brauer I, Maibom W, et al. Population size and the risk of local extinction: empirical evidence from rare plants[J]. Oikos, 2004, 105(3): 481-488.

Mazer SJ. Ecological, taxonomic, and life history correlates of seed mass among Indiana dune angiosperms[J]. Ecological Monographs, 1989, 59(2): 153-175.

Messias MCTB, Leite MGP, Meira-Neto JAA, et al. Life-form spectra of quartzite and itabirite rocky outcrop sites, Minas Gerais, Brazil[J]. Biota Neotropica, 2011, 11(2): 255-268.

Miao J, Wang Y, Zhang Y, et al. The complete chloroplast genome sequence of *Castanopsis sclerophylla*(Lindl.) Schott (Fagaceae)[J]. Mitochondrial DNA Part B, 2020, 5(3): 2857-2858.

Milla R, Reich PB. The scaling of leaf area and mass: the cost of light interception increases with leaf size[J]. Proceedings of the Royal Society B-Biological Sciences, 2007, 274(1622): 2109-2114.

Moles AT, Ackerly DD, Tweddle JC, et al. Global patterns in seed size[J]. Global Ecology and Biogeography, 2007, 16(1): 109-116.

Moles AT, Ackerly DD, Webb CO, et al. A brief history of seed size[J]. Science, 2005, 307(5709): 576-580.

Mota GS, Luz GR, Mota NM, et al. Changes in species composition, vegetation structure, and life forms along an altitudinal gradient of rupestrian grasslands in south-eastern Brazil[J]. Flora, 2018, 238: 32-42.

Mower JP, Vickrey TL. Structural diversity among plastid genomes of land plants[J]. Advances in Botanical Research, 2018, 85: 263-292.

Ni ZX, Ye YJ, Bai TD, et al. Complete chloroplast genome of *Pinus massoniana* (Pinaceae): gene rearrangements, loss of ndh genes, and short inverted repeats contraction, expansion[J]. Molecules, 2017, 22(9): 1528.

Oldenburg DJ, Bendich AJ. The linear plastid chromosomes of maize: terminal sequences, structures, and implications for DNA replication[J]. Current Genetics, 2016, 62(2): 431-442.

Peinado M, Macias MA, Aguirre JL, et al. A Phytogeographical classification of the North American Pacific Coast based on climate, vegetation and a floristic analysis of vascular plants[J]. Journal of Botany, 2009, 20(9): 389-414.

Pellicer J, Hidalgo O, Dodsworth S, et al. Genome size diversity and its impact on the evolution of land plants[J]. Genes, 2018, 9(2): 88.

Pellicer J, Leitch IJ. The Plant DNA C-values database (release 7.1): an updated online repository of plant genome size data for comparative studies[J]. New Phytologist, 2020, 226(2): 301-305.

Petersen G, Cuenca A, Seberg O. Plastome evolution in hemiparasitic mistletoes[J]. Genome Biology and Evolution, 2015, 7(9): 2520-2532.

Pitman NCA, Terborgh J, Silman MR, et al. Tree species distributions in an upper Amazonian forest[J]. Ecology, 1999, 80(8): 2651-2661.

Qian H. Floristic analysis of vascular plant genera of North America north of Mexico: characteristics of phytogeography[J]. Journal of Biogeography, 1999, 26(6): 1307-1321.

Rabinowitz D. Seven forms of rarity. In H. Synge (ed.), The biological aspects of rare plant conservation[M]. New York, NY: John Wiley & Sons Ltd., 1981: 205-217.

Raunkiaer C. The life forms of plants and statistical plant geography[M]. London: Clarendon, 1934.

Senarath WTPSK. Dioecy and monoecy in the flora of Sri Lanka and their evolutionary correlations to endemism, growth form, fruit type, seed number and flower size[J]. Bangladesh Journal of Plant Taxonomy, 2008, 15(1): 13-19.

Shahid M, Joshi SP. Phytosociological assessment & distribution patterns of tree species in the forests of Doon Valley, Shivalik hills of lower Himalaya[J]. Tropical Plant Research, 2016, 3(2): 263-271.

Shi YC, Liu BB. Complete chloroplast genome sequence of *Ilex latifolia* (Aquifoliaceae), a traditional Chinese tea[J]. Mitochondrial DNA Part B. 2020, 5(1): 190-191.

Song Y, Yu WB, Tan Y, et al. Evolutionary comparisons of the chloroplast genome in Lauraceae and insights into loss events in the Magnoliids[J]. Genome Biology and Evolution, 2017, 9(9): 2354-2364.

Su T, Zhang M, Li Y, et al. The complete plastid genome sequence of *Ilex micrococca* Maxim[J]. Mitochondrial DNA Part B, 2020, 5(1): 916-917.

Sun RX, Ye XM, Li Z, et al. The complete chloroplast genome of *Castanopsis carlesii*(Hemsl.) Hay[J]. Mitochondrial DNA Part B, 2019, 4(2): 2591-2592.

Swenson NG, Umana MN. Phylofloristics: an example from the lesser antilles[J]. Journal of Plant Ecology, 2014, 7(2): 166-175.

Tang CQ, Ohsawa M. Altitudinal distribution of evergreen broad-leaved trees and their leaf-size pattern on a humid subtropical mountain, Mt. Emei, Sichuan, China[J]. Plant Ecology, 1999, 145(2): 221-233.

Tian D, Yan ZB, Niklas KJ, et al. Global leaf nitrogen and phosphorus stoichiometry and their scaling exponent[J]. National Science Review, 2018, 5(5): 728-739.

Vashistha RK, Rawat N, Chaturvedi AK, et al. Characteristics of life-form and growth-form of plant species in an alpine ecosystem of North-West Himalaya. Journal of Forestry Research, 2011, 22(4), 501-506.

Wang D Liu C, Li JJ, et al . Complete chloroplast genome sequence and phylogenetic analysis of *Ilex pernyi* Franch [J]. Mitochondrial DNA Part B, 2022a, 5(1): 914-915.

Wang G, Zhou G, Yang L, et al. Distribution, species diversity and life-form spectra of plant communities along an altitudinal gradient in the northern slopes of Qilianshan Mountains, Gansu, China[J]. Plant Ecology, 2003, 165(2): 169-181.

Wang JQ, Li YY, Wang Q, et al. Characterization of the complete chloroplast genome of *Michelia maudiae* (Magnoliaceae)[J]. Mitochondrial DNA Part B, 2019a, 4(2): 2146-2147.

Wang L, Du XJ, Li XF. The complete chloroplast genome sequence of the evergreen plant *Dendropanax dentiger* (Araliaceae)[J]. Dna Sequence, 2016, 27(6): 4193-4194.

Wang L, He N, Li Y, et al. The complete chloroplast genome sequence of *Toxicodendron succedaneum* (Anacardiaceae)[J]. Mitochondrial DNA Part B, 2020a, 5(2): 1956-1957.

Wang NJ, Chen SF, Xie L, et al. The complete chloroplast genomes of three Hamamelidaceae species: Comparative and phylogenetic analyses[J].Ecology and Evolution, 2022b, 12(2): e8637.

Wang SW, Boru BH, Njogu AW, et al. Floristic composition and endemism pattern of vascular plants in Ethiopia and Eritrea[J]. Journal of Systematics and Evolution, 2020b, 58(1): 33-42.

Wang X, Cai F, Zhang C, et al. Characterization of the complete chloroplast genome of the ornamental plant *Osmanthus cooperi*[J]. Mitochondrial DNA Part B, 2019b, 4(2): 2314-2315.

Wang YB, Liu BB, Nie ZL, et al. Major clades and a revised classification of *Magnolia* and Magnoliaceae based on whole plastid genome sequences via genome skimming[J]. Journal of Systematics and Evolution, 2020c, 58(5): 673-695.

Wang Y, Cui Y. The complete plastid genome of *Ficus erecta* (Moraceae)[J]. Mitochondrial DNA Part B, 2020d, 5(3): 3335-3336.

Webb LJ. A physiognomic classification of Australian rain forests[J]. Journal of Ecology, 1959, 47(3): 551-570.

Wright IJ, Dong N, Maire V, et al. Global climatic drivers of leaf size[J]. Science, 2017, 357(6354): 917-921.

Wu CS, Wang TJ, Wu CW, et al. Plastome evolution in the sole hemiparasitic genus Laurel dodder (*Cassytha*) and insights into the plastid phylogenomics of Lauraceae[J]. Genome Biology and Evolution, 2017, 9(10): 2604-2614.

Xiang QY, Lian MG, Soltis DE, et al. Insights into the historical assembly of East Asian subtropical evergreen broadleaved forests revealed by the temporal history of the tea family[J]. New Phytologist, 2017, 215(3): 1235-1248.

Xiao TW, Yan HF, Ge XJ. Plastid phylogenomics of tribe Perseeae (Lauraceae) yields insights into the evolution of East Asian subtropical evergreen broad-leaved forests[J]. BMC Plant Biology, 2022, 22(1): 32.

Yang JB, Yang SX, Li HT, et al. Comparative chloroplast genomes of camellia species[J]. PLoS One, 2013, 8(8): e73053.

Yang W, Wang W, Zhang L, et al. Characterization of the complete chloroplast genome of *Idesia polycarpa*[J]. Conservation Genetics Resources, 2016, 8(3): 271-273.

Yang Y, Zhu J, Feng L, et al. Plastid genome comparative and phylogenetic analyses of the key genera in Fagaceae: Highlighting the effect of codon composition bias in phylogenetic inference[J]. Frontiers in Plant Science, 2018(9): 82.

Yao JF, Zhang XF, Zhu ZX, et al. Complete plastome sequence of *Vernicia montana* Lour. (Euphorbiaceae): a deciduous tree species in southeast Asia[J]. Mitochondrial DNA B Resour. 2021, 6(3): 1075-1076.

Yao X, Tan YH, Liu YY, et al. Chloroplast genome structure in *Ilex* (Aquifoliaceae)[J]. Scientific Reports, 2016, 6(1): 28559.

Ye X, Hu D , Guo Y, et al. Complete chloroplast genome of *Castanopsis sclerophylla* (Lindl.) Schott: Genome structure and comparative and phylogenetic analysis[J]. PLoS One, 2019, 14(7): e0212325.

Yin Y, Tao J, Yang X, et al. The first complete chloroplast genome of *Hovenia acerba* Lindl[J]. Mitochondrial DNA Part B, 2020, 5(1): 658-659.

Yu B, Sun YB, Liu XF, et al. Complete chloroplast genome sequence and phylogenetic analysis of *Camellia fraterna*[J]. Mitochondrial DNA Part B, 2020, 5(4): 3840-3842.

Yu J, Wang C, Gong X. Degeneration of photosynthetic capacity in mixotrophic plants, *Chimaphila japonica* and *Pyrola decorata* (Ericaceae) [J]. Plant Diversity, 2017a, 39(2): 80-88.

Yu XQ, Gao LM, Soltis DE, et al. Insights into the historical assembly of East Asian subtropical evergreen broadleaved forests revealed by the temporal history of the tea family[J]. New Phytologist, 2017b, 215(3): 1235-1248.

Yuan L, Wu H, Zhang C, et al. The complete plastid genome sequence of *Ilex suaveolens* (H. Lév.) Loes, the most abundant medicinal holly in Mount Huangshan[J]. Mitochondrial DNA Part B, 2021, 6(2): 468-469.

Zhang M, Chen WD, Li YY, et al. Complete chloroplast genome of a wild-type *Gardenia Jasminoides* Ellis (Rubiaceae) adapted to island climate[J]. Mitochondrial DNA Part B, 2021a, 6(2): 313-314.

Zhang MZ, Ye XZ, Zhang S, et al. Complete chloroplast genome sequence of *Schima superba* (Teaceae) [J]. Mitochondrial DNA Part B, 2021b, 7(1): 68-69.

Zhang W, Zhao YL, Yang GY, et al. Characterization of the complete chloroplast genome sequence of *Camellia oleifera* in Hainan, China[J]. Mitochondrial DNA Part B, 2017, 2(2): 843-844.

Zhao ML, Yu S, Ni J, et al. Comparative chloroplast genomics and phylogenetics of nine *Lindera* species (Lauraceae)[J]. Scientific Reports, 2018, 8(1):8844.

Zhao Z, Xu X, Tong L, et al. The complete chloroplast genome sequence of *Melliodendron xylocarpum* (Styracaceae) [J]. Mitochondrial DNA Part B, 2019, 4(2): 3677-3678.

Zheng W, Chen J, Hao Z, et al. Comparative analysis of the chloroplast genomic information of *Cunninghamia lanceolata* (Lamb.) Hook with sibling species from the Genera *Cryptomeria* D. Don, *Taiwania* Hayata, and *Calocedrus* Kurz[J]. International Journal of Molecular Sciences, 2016, 17(7): 1084.

Zonneveld B. J. M. Conifer genome sizes of 172 species, covering 64 of 67 genera, range from 8 to 72 picogram[J]. Nordic Journal of Botany, 2012, 30(4): 1-13.

# 索 引

# 中文索引

# 英文索引

G



H



I



L



M



N



O



P

Q



R



S



T



V